古典文獻研究輯刊

初 編

潘美月・杜潔祥 主編

第 11 冊

清末各省官書局之研究

吳 瑞 秀 著

國家圖書館出版品預行編目資料

清末各省官書局之研究／吳瑞秀著 — 初版 — 台北縣永和市：
花木蘭文化工作坊，2005〔民 94〕

目 2 + 178 面；19×26 公分（古典文獻研究輯刊 初編：第 11 冊）

ISBN：986-81660-8-X（精裝）
1. 書業－中國－清（1644-1912）

487.62097   94019006

ISBN 986-81660-8-X

9 789868 166080

古典文獻研究輯刊
初 編 第十一冊   ISBN：986-81660-8-X

清末各省官書局之研究

作　者　吳瑞秀
主　編　潘美月　杜潔祥
企劃出版　北京大學文化資源研究中心
出　版　花木蘭文化工作坊
發 行 所　花木蘭文化工作坊
發 行 人　高小娟
聯絡地址　台北縣永和市中正路五九五號七樓之三
　　　　　電話：02-2923-1455／傳真：02-2923-1452
電子信箱　sut81518@ms59.hinet.net
初　版　2005 年 12 月
定　價　初編 40 冊（精裝）新台幣 62,000 元

清末各省官書局之研究
吳瑞秀　著

作者簡介

吳瑞秀

輔仁大學圖書館學系學士、文化大學史學研究所圖書文物組碩士、文化大學史學研究所博士
普通考試、高等考試圖書館人員及格
曾任國立故宮博物院圖書文獻處、科技室、秘書室編審
中央研究院史語所傅斯年圖書館主任
立法院國會圖書館、司法委員會編審
現任立法院法制局副研究員

提　要

　　本論文除前言與結論外，共分五章。前言說明清代同治中興後，各省督、撫等地方官吏，目睹地方文物因戰亂慘遭浩劫，普設官書局，為一值得研究之歷史現象與板本目錄之問題，因做此研究。

　　第一章緒論，說明典籍對人類文化的重要性，自宋代以來，地方官府之刻書情形，以及書籍易遭戰爭、天災、蟲害等之毀壞。清代遭太平天國之亂，典籍破壞殆盡，其中江南藏書家典藏書籍之被焚毀，更為浩劫！清代同治中興，各地方官吏莫不提倡刻書，以為復興之具體表徵，並作為教化士子與保存文獻之要務。

　　第二章敘述各地方大吏設立官書局之盛況，各自籌措款項，設立書局刻印典籍及實用書籍，影響所及，各省互通典籍之有無，一時蔚為風氣，各省莫不以刻書為標榜，其中未受太平天國之亂者，亦趁此時機刻書，以刻書為文化與教化之成就，所刻書籍甚夥。

　　第三章詳述各省官書局之發展過，其中包括經費來源、書局組織以及經營方式，至於刻書的內容，尤以經、史書籍為重，為本章研究重點。

　　第四章研究各省官書局刻印書籍之特色，以及如何鑒定為局刻本，並論局刻本的利用、流通，以及對學術文化的貢獻。

　　第五章在清代積弱及新式教育的影響下，官書局所刻之古籍，無法因應當時社會之需，且有不合現實需要之情況，以及經費困難，因而沒落。新思想、新教育之衝擊，亦為造成官書局沒落之主要原因。

　　最後之結論，說明時代在變，在新思潮衝擊下，官書局完成階段性任務後，為新式書局之鉛活字印刷之書籍所取代，其沒落乃一時代之問題。

目

錄

附　表

附書影

前　言

　　清代中葉，迭經內亂與外患，各地方圖書文物慘遭浩劫，損失頗為慘重。當時各省督、撫等地方官吏，領兵平亂之際，目睹戰亂災情，於文物毀損，至為痛心。故內亂敉平之後，官設專門刊刻圖書的書局，成為刻書的風潮。各省督撫相互影響，所刻四部之書甚夥，實為前所未有之盛事。惟至今尚未對各省官書局刻書有綜合而又明確的論述，實有深入探究的必要。經承吳哲夫老師的推荐，前赴台大向文聯圖書館主任王民信先生請益，承多方指教，始確定本論文題目。隨後積極於故宮所貯存清代檔案資料，遍加檢尋，並從各圖書館收藏之方志、傳記、文集、年譜、目錄、及期刊論文等資料中，披沙取金，儘量網羅搜集相關材料，予以整理分析，再加歸納，以明當時各省官書局從事刻書事業之概況。

　　及至清代末葉，由於新式印刷術的傳入，坊間書肆刻書事業大為興起，多以書局為名。又清末變法維新運動後，有性質不同名稱雷同的新設官書局，往往極易與同、光年間所設立之官書局混淆。加以有些省份的官書局，存在的時間極為短暫，所刻書籍有限，文獻記載或書目著錄均付闕如，以致影響全面的研究。

　　蒐集資料時，原以地利之便的故宮所存檔案為主，似有未曾被發掘的各省官書局之記載，然所獲有限；當年創局之各省督、撫等地方官吏，於相關傳記中之記錄，所述及設書局刻書之文獻，亦頗為簡略；至於對地方事宜記載最為詳盡的方志，出自清末民初所修者甚少，故亦鮮有此方面之敘述。此外，原擬收集並整理編次各省局刻本之書目，除各書目書識記載詳略不一外，種類及數量均頗為龐大，不但收羅不易完備，亦無法掌握統計分析的結果，故僅整理編定台灣現存局刻本書目，以為參考。其中或以記載之不足，存疑之處頗多，僅就收集有限之資料，詳加考訂、分析、整理、歸納，做為探究各省官書局之始末。本論文首先敘述歷代地方官署之刻書，及當時在內亂外患的背景下，典籍散佚的情形嚴重，因而各省在督、撫的提倡下成立官書局；繼之統計各省成立的官書局，分別探求各書局發展過程，進而綜合論述各省官書局經營、出版、及彼此合作等狀況，並對局刻本之特性及其推廣，以及各省官書局中輟沒落的原因，加以論述，以明瞭當時全國各省設立官書局刻印圖書之盛況，以及對學術文化的貢獻。

　　論文撰作期間，承蒙師長們多方指示，並提供寶貴的意見，獲得很大的助益。同學、同事、好友們的熱心協助與指導，使本論文得以順利完成，由衷感激。惟個人才疏學淺，疏漏之處必多，尚祈各位師長、專家不吝指正。

第一章 緒 論

　　典籍記錄著人類活動的史實及經驗，其內容與形式，往往受當時社會情況、生活狀態，及意識形態的影響，而反映出不同的特性，因之透過典籍的流傳，不僅傳遞了歷史事實，也傳播了知識及文化。我國文化淵源流長，端賴歷代刻書機構不斷地刊印大量的圖書，而使民族文化香火相傳不替，日益光大。

　　典籍經過歷代的纂修、刻印、及典藏，乃至積聚成藏書樓及圖書館。然典籍於形成或積聚的過程中，也歷經多次散佚損毀的厄運。至有清一代，初起於東陲，入關後除承明室舊藏，復搜求遺書，修纂典籍，秘閣所藏之書門類眾多，內容廣博豐富，數量更是空前龐大。私家收藏方面，乾、嘉年間藏書極盛，不乏傳世藏書大家，所藏書籍不止內容豐富，且多珍本。迨清中葉，內亂外患迭至，典籍遂遭前所未有之浩劫。咸豐十年（1860），英法聯軍焚燬圓明園，文源閣藏書化為灰燼；太平天國由於定都南京，以江浙兩省所受災厄最甚，文匯、文宗兩閣之四庫全書，皆付之一炬。另自明以來，私人藏書事業偏於東南，向稱文物極盛的東南地區，自太平天國亂後，兵燹頻仍，書籍頻遭厄運，損失慘重。幸有當時各省成立的官書局，網羅散佚，勤加校勘，並再刻印成書，使不少典籍兵燹之後再見天日，對文化的傳播，甚具貢獻及時代意義。由於清末各省官書局，在性質上屬地方官署刻書的機構，故本章首先概述歷代地方官署刻書，其次再論及清中葉內亂外患肇致的典籍散佚。

第一節　歷代地方官署刻書概述

　　自印刷術發明後，便產生了刻書事業，逐漸的演變而發展出不同經營刻書事業的機構，根據刻書機構的性質，大體可區分為官府、私家、及坊肆刻書等三大

類別，其中官府刻書，通常指歷代官府設置之各類機構所刊印的書籍。歷代官府刻書，往往挾有雄厚財力及優秀人才作爲後盾，故多能領導群倫，鼓動風潮，而造成風氣，影響及於私家及坊肆之刻書，自係當然之事。

官府刻書，最早始於五代後唐明宗長興三年（932），宰相馮道奏請令國子監刊印「九經三傳」。刻書的始末經過，許多文獻上已有詳明的記載〔註1〕，於此已不必再加贅述。它不僅爲歷代官府刻書事業奠下基礎，更爲後世官府刻書立下成規。

五代以後，歷代官府均以刊印圖書爲文化設施的一個重要部份，以達成推行政策、傳達政令、灌輸思想、教化百姓、或發揚學術的目的。因此，所刊印之書，以正經、正史、及皇帝所自撰或審定、批准的書爲主〔註2〕。由官府通令愼重辦理刻書事宜，在人力、經費優越的條件下，出版的圖書大多校勘審愼、鏤刻精美，在我國圖書版刻發展史上，佔有重要的地位。

趙宋時代，繼續發展了五代已趨昌盛的刻書事業，出版工作更是盛極一時。由於刻書風氣的盛行，出現了許多的刻書機構，然而仍以官府刻書成績最爲可觀。中央官府之各殿、院、監、司、局等機構，均曾刊刻書籍。由於中央官府倡之於上，影響所及，各地方官府也競相刻書，於是宋代官府刻書又有中央與地方之別。宋代地方官府刻書事業，爲後世因襲，此後歷代地方官府所刻之書，雖有精粗詳略的不同，但因刊印大量的圖書傳世，既可輔翼中央官府刻書之不足，且重視地方賢哲著述及志書之刻印，對我國文化的發揚，及古籍的流傳，厥功甚偉。

北宋時，地方官府刻書，尚未甚盛，南宋則逐漸形成風氣，且地方官刻本的數量較爲龐大。據葉德輝《書林清話》卷三〔註3〕，彙集各家書目著錄，宋代各地方機構刻書者，有全國各路使司、各州府軍縣、公使庫、各州府軍縣學、及書院等，均刻印圖書。可知當時地方官府刻書風氣的盛行，所刊印之書已遍及經、史、子、集等四部，且校勘謹愼，故多爲後世所推重。茲將宋代地方刻書事業，分述如下：

一、宋代各路使司刻書

宋太宗時，因襲唐代地方行政區域之體制，將全國分爲十五路，路爲地方最高的行政區域。各路設有：安撫使司掌軍政、民政；轉運使司掌財賦、轉運；提

〔註1〕李書華，〈五代時期的印刷〉，《中國圖書版本學論文選輯》（台北：學海出版社，民國70年），頁237～245。又王國維，〈五代兩宋監本考〉，《圖書印刷發展史論文集》（台北：文史哲出版社，民國64年），頁193～202。

〔註2〕劉國鈞，《宋元明清的刻書事業》，《中國圖書史資料集》（香港龍門書店，1974年），頁481～482。

〔註3〕葉德輝，《書林清話》（台北：世界書局，民國72年，四版），卷三，頁60～77。

點刑獄使司主管刑獄訴訟；茶鹽使司掌管經濟業務。各路使司掌握地方之政治及經濟，有權又有錢，往往刻印圖書，以引領向學風氣。據葉德輝《書林清話》卷三〔註4〕，記載當日曾刊印圖書的各路使司計有：

兩浙東路茶鹽司	兩浙西路茶鹽司
兩浙東路安撫司	浙東庾司
浙右漕司	浙西提刑司
福建轉運司	潼州轉運司
建安漕司	福建漕司
淮南東路轉運司	荊湖北路安撫使司
湖北茶鹽司	廣西漕司
江東倉台	江西計台
江西漕台	淮南漕廨
廣東漕司	江東漕院
江西提刑司	

二、宋代州府軍縣刻書

　　宋自取消節度使後，州、府、軍、縣的政務，以中央文臣代行，這些地方官仍具有中央之官職，故其雖受路管轄，但乃可直接稟奏政務於中央。根據葉德輝《書林清話》〔註5〕及李致忠〈宋代刻書述略〉〔註6〕之記載，宋代各州、府、軍、縣幾乎均有刻印圖書，可見當時刻書的普遍。以下就上述二篇文章中記載之書目現存之各傳本，刪汰重出者，當日刻書稱某州某府的有：江寧府、杭州、明州、溫陵州、吉州、紹興府、臨安府、平江府、嚴州、餘姚縣、鹽官縣、眉山、南康軍、常州軍、福州等。這些府州軍縣之刻書中，頗有精善之本，例如在版本學上著名的《眉山七史》，便是紹興十四年（1144）四川眉山漕司井憲孟所主持刻印的書〔註7〕。

三、宋代公使庫刻書

　　宋代遍設公使庫，據李心傳《建炎以來朝野雜記》〔註8〕及王明清《揮塵後錄》

〔註4〕同註3，頁61～64。
〔註5〕同註3，頁75～77。
〔註6〕李致忠，〈宋代刻書述略〉，《文史》，第十四輯（1982年），頁155。
〔註7〕晁公武，《郡齋讀書志》，《書目續編》，第四冊（台北：廣文書局，民國57年），卷五，頁455～456。
〔註8〕李心傳，《建炎以來朝野雜記》，《宋史資料萃編》，第一輯第二二冊（台北：文海出

〔註9〕記載，公使庫是以公帑接待來往官吏，使官吏無旅寓之勞煩，後演變爲收刮錢財的場所，既有雄厚的財力，又爲官吏客寓之處，便附庸風雅，支領並利用庫錢，於庫內設印書局專管刻書事宜〔註10〕。據葉德輝《書林清話》記載公使庫有傳本者爲：蘇州公使庫、吉州公使庫、明州公使庫、沅州公使庫、舒州公使庫、撫州公使庫、春陵公使庫、台州公使庫、信州公使庫、泉州公使庫、及鄂州公使庫〔註11〕。足見有宋一代公使庫刻書之例甚夥。

四、宋代州府軍縣學刻書

宋代地方各學，有州學、府學、軍學、縣學、郡齋、郡庠、學宮、頖宮、及學舍等，均有學田，因而刻書的經費充足，且又有人才可資校勘，所以各學多有刻書之例。據葉德輝《書林清話》中之記載，各州軍本、各郡齋本、各郡庠本、各郡府學本、各縣學本、各學宮本、各頖宮本、及各學舍本等其例亦夥〔註12〕。

五、宋代書院刻書

宋代書院興盛，有官設，亦有私人創辦者，由著名學者主持講學，對當代學術的發展有很大的影響，宋代書院所刻之書，也以校勘精審知名。據葉德輝《書林清話》之著錄，書院之有刻本者：如麗澤書院、象山書院、泳澤書院、龍溪書院、竹溪書院、環溪書院、建安書院、及鷺洲書院等，均爲其例也〔註13〕。

元代刻書風氣不亞於宋，且承續了兩宋刻書的優點，所以至今宋元版本並爲人所稱道。元代官府刻書，中央刻書機構有國子監、興文署、及廣成局等；地方則以各路、府、州、郡、縣設之儒學及書院，爲刻書的重點，刻了不少的書，且各行省亦主刻書之事。茲分別略予敘述：

一、元代各省刻書

元代地方行政區域仍保存宋代的路、府等舊稱，但路之上，又置有「行中書省」（簡稱「行省」），爲地方行政區的最高單位。《元史》仁宗本記載：「延祐五年（1318），……以江浙省所印大學衍義五十部賜朝臣。」又載：「集賢大學士太保曲出言，唐陸淳著春秋纂例、辨疑、微旨三書，有益後學，請令江西行省鋟梓，

版社，民國 56 年），卷十七，頁 551～553。
〔註 9〕王明清，《揮麈後錄》，《四部叢刊續編》，第九十九冊（台北：台灣商務印書館，民國 55 年），卷一，頁 9。
〔註 10〕毛春翔，《古書版本學》（台北：洪氏出版社，民國 63 年），頁 25。
〔註 11〕同註 3，頁 64。
〔註 12〕同註 3，頁 64～74。
〔註 13〕同註 3，頁 74。

以廣其傳；從之〔註14〕。」清倪燦〈宋史藝文志補序〉亦載：「郡邑儒生之著述，多由本路進呈，下翰林看詳。可傳者命江浙省或所在各路儒學刊行〔註15〕。」由上述所載可知各行省亦從事刻印圖書之事。

二、元代各路儒學刻書

元時官刻書多由下陳請〔註16〕，陳請經核准官刻的書籍，往往將所行公文列於該書之首，稱之曰「牒」〔註17〕。各路之刻書，則以大德間（1297～1307）九路合刻的《十七史》為最著。當日江東建康道肅政廉訪司以《十七史》書為難得善本，乃從太平路學官之請，徧牒九路，分工刊印〔註18〕。其分工刊印之各路儒學為：瑞州路、太平路、寧國路、池州路、集慶路、建康路、信州路、及杭州路等儒學〔註19〕。此外，據葉德輝《書林清話》載，刊印書籍各路儒學，尚有：中興路、贛州路、紹興路、嘉興路、臨江路、龍興路、武昌路、無錫路、慶元路、漳州路、婺州路、揚州路、饒州路、撫州路、福州路、平江路、及臨川路等儒學〔註20〕。

三、元代書院刻書

元代地方各學之刻書，又以書院為最，書院刻書起於宋而盛於元，所刻印之書至為精善。顧炎武《日知錄》曾云：「書院之刻有三善焉，山長無事而勤於校讎，一也；不惜費而工精，二也；板不貯官而易印行，三也〔註21〕。」又陸深《金臺紀聞》亦云：「勝國時郡縣俱有學田，其所入謂之學糧，以供師生餼，餘則刻書以足一方之用。工大者則糾數處為之，以互易成帙，故讎校刻畫頗有精者，初非圖鬻也〔註22〕。」由此可知元代書院刻書精善的原因。據葉德輝《書林清話》載各家書目著錄有刻本之書院為：興賢書院、廣信書院、宗文書院、梅溪書院、圓沙書院、西湖書院、蒼巖書院、武溪書院、龜山書院、建安書院、屏山書院、豫章

〔註14〕宋濂，《元史》二百十卷，《百衲本二十四史》（台北：台灣商務印書館，民國56年），本紀卷二六，頁11～12。

〔註15〕倪燦，《宋史藝文志補》，《叢書集成簡編》，第八冊（台北：台灣商務印書館，民國55年）序。

〔註16〕同註3，卷四，頁91～93。

〔註17〕王欣夫，《文獻學講義》（台北：文史哲出版社，民國76年，再版），頁219。

〔註18〕同註17。

〔註19〕同註3，卷四，頁91～93。

〔註20〕同註3，卷四，頁91～93。

〔註21〕顧炎武，《日知錄》（台北：明倫出版社，民國59年），卷二十，頁521。

〔註22〕陸深，《金臺紀聞》，《筆記小說大觀》四編第五冊（台北：新興書局，民國63年），頁2888。

書院、南山書院、臨汝書院、桂山書院、梅隱書院、及雪窗書院等〔註23〕。

歷經宋、元兩朝，以迄明代，地方官府刻書，已遠比中央政府及藩府更爲盛行。袁恬《書隱叢說》云：「官書之風，至明極盛。內而南北兩京，外而道學兩署，無不盛行雕造，官司至任，數卷新書，與土儀並充餽品〔註24〕。」可見當時地方官府刻書的風氣，至爲流行。又顧炎武《日知錄》云：「今學既無田，不復刻書，而有司間或刻之。然祇以供餽贐之用。其不工反出坊本下，工者不數見也。昔時人覿之官，其餽遺書一帕而已，謂之書帕〔註25〕。」及王士禎《居易錄》亦載有：「明時翰林官初上或奉使回，例以書籍送署中書庫，後無復此制矣〔註26〕！」明代之地方官吏，自督撫以至縣令，到任後輒取當地先哲著述刊刻，以書裹入巾帕，即所謂的「書帕本」，作爲任滿回京餽贈達官的禮品。葉德輝《書林清話》卷七，載「明時書帕本之謬」、「明人不知刻書」、「明人刻書添改換脫換」、及「明人刻書改換名目之謬」等〔註27〕，認爲明代書帕本，多半校勘不精、草率從事，且動輒竄改，而有「明人刻書而亡書」之說，由於精校者少，故爲藏書家所詬病。然傳刻稀見之書亦多，且書帕本的流傳亦廣，自不必一概而論，其較爲著稱者以游明本《宋史》、全文《續資治通鑑》、及汪文盛本《漢書》與《五代史》〔註28〕。據周弘祖《古今書刻》之錄，明代各地方機關之南北二直隸、十三布政使司、按察使司、乃至各府州縣等所刻之書，不下千餘種〔註29〕。至於明代各儒學和書院，雖有刻書，但不若宋、元書院刻書之盛。茲分別敘述於後：

一、明代布政使司刻書

明初因襲元代行省制，洪武九年（1376）始改行省爲布政使司，十三布政使司便是地方最高的行政機構。據周弘祖《古今書刻》所載，各布政使司均有刻書，

〔註23〕同註3，卷四，頁94～96。

〔註24〕袁恬，〈書隱叢說〉，引自屈萬里，昌彼得撰，潘美月增訂，《圖書板本要略》（台北：中國文化大學出版部，民國75年，增訂版），卷二，頁59。

〔註25〕同註21。

〔註26〕王士禎，《居易錄》，三十四卷，《筆記小說大觀》，十五編第八、九冊（台北：新興書局，民國66年），卷七，頁4856。

〔註27〕同註3，卷七，頁180～183。

〔註28〕屈萬里，昌彼得撰，潘美月增訂，《圖書板本要略》（台北：中國文化大學出版部，民國75年，增訂版），卷二，頁59。

〔註29〕周弘祖，《古今書刻》，《書目類編》，第八八冊（台北：成文出版社，民國67年）上篇，頁1～53。

約有二一五種；南北二直隸之刻書，約五三八種，二者合計七五三種〔註 30〕，可知明代布政使司均普遍刻印圖書。

二、明代按察使司刻書

明代於布政使司之外，又設按察使司及都指揮使司，三司並立。按察使司是屬於監察性質的機構，也多從事刻書。周弘祖《古今書刻》著錄明代各按察使司刻的書，約有七十六種〔註 31〕。

三、明代各府刻書

明代各府、州、縣，在政府實施丈量土地及魚鱗圖冊的制度下，除編纂本地志書、印造呈繳戶口黃冊、及丈量繪土地魚鱗圖冊外，也刻印了經、史、子、集之書〔註 32〕。據周弘祖《古今書刻》所載，明代各府之刻書約有八三九種〔註 33〕，可見各府刻書的盛行。

清代初年，地方官署刻書風氣，不若明代之盛。然各地撫署、州署、縣署及學署等雖有刻書，但為數不多〔註 34〕。地方官署之刻書，其中有康熙年間，兩淮鹽政曹寅主持的揚州書局，用鹽羨刻印精美軟體字且裝潢佳的巨帙圖書《全唐詩》〔註 35〕；乾隆四十一年（1776）九日，以聚珍板書雕印之後，數量有限，流傳不廣，金簡乃奏請頒發東南五省翻刻，並准所在鋟勒通行，江寧、浙江、江西及福建等均承命開雕〔註36〕；及嘉慶二十年（1885），阮元在南昌府學所刻之《十三經注疏》〔註 37〕，均為較著名者。及至同治初年，洪楊內亂敉平後，各省督、撫在書籍及版片損失慘重的情況下，於地方官署設有官書局，始大量刻書，以嘉惠士林，後因時勢所趨，影響各省官書局之中輟及沒落，惟刻四部之書尤夥，一時之盛，且各局刻書雖有多寡及精粗之別，均流布甚廣。

上述歷代地方官署刻書，均由地方所屬各機關及書院、學校等兼營刻書事業。清末在特殊的時代背景下，各省設專局刻書，則為前所未有之事，值得深入探究

〔註 30〕同註 29。

〔註 31〕同註 29。

〔註 32〕李致忠，〈明代刻書略述〉，《文史》，第二十三輯（1984 年），頁 142。

〔註 33〕同註 29。

〔註 34〕同註 28，頁 62。

〔註 35〕來新夏，〈中國古代圖書事業講話（六）〉，《津圖學刊》（1986），第二號，頁 154。又陶湘《清代殿本書始末》，以揚州書局刻本，因奉敕亦稱內府本。

〔註 36〕陶湘，〈武英殿聚珍版叢書目錄〉，《圖書館學季刊》，第三卷第一、二期（民國 17 年 3 月），頁 205。又許文淵，《清修四庫全書之目錄學》（政治大學中文研究所碩士論文，民國 64 年），頁 208～212。

〔註 37〕同註 34。

當時各省設局刻書的情況，以明瞭對延續文化事業的貢獻。

第二節　清中葉內亂外患肇致典籍的散佚

　　清朝的國勢，從乾隆後期開始衰落，中國境內的零星動亂層出不窮，敗象顯露。經嘉慶以迄道光，滿清國力已是外強中乾，除了應付日益嚴重的內亂外，又因長期閉關自守的結果，尚要面臨外來的危機，在內亂外患交互迭至的情況下，形成了內外交迫的局面。這些禍亂之所以日益擴大，而動搖清朝國基，乃為當時政治、社會、經濟、軍事，皆呈一片腐敗、崩潰的現象。當時政府既無力解決內亂，更是無法抗拒外來的侵略，導致咸、同間紛擾的亂世，使我國的典章文物，遭到空前未有之浩劫。

　　中國典籍歷經多次散失，除暴政之外，究其主要的原因，在保管不善，遭致水、火、蟲蛀等自然災害，及歷史上多次出現的大規模動亂。清中葉以降，中國遭遇空前未有之變局，內亂、外患更相迭起。在這樣紛擾的亂世，典籍遭受災厄於兵燹戰亂之際，是可想而知的事。太平天國亂後，同治年間，江蘇學政鮑源深〈請購經史疏〉即提到：

> 近年各省，因經兵燹，書多散佚，臣視學江蘇，按試所經，留心訪察，如江蘇松、常、鎮、揚諸府，向稱人文極盛之地。學校中舊藏書籍，蕩然無存。藩署舊有恭刊欽定經史諸書板片，亦均毀失。民間藏書之家，卷帙悉成灰燼。亂後偶有書肆所刻經書，但係刪節之本，簡陋不堪。士子有志讀書，無從購覓。蘇省如此，皖、浙、江右情形，諒亦相同，以東南文明大省，士子竟無書可讀，其何以興學校以育人才〔註38〕？

由此可見大動亂之後，文獻散佚之慘狀。

一、太平天國與東南文獻之散佚

　　太平天國之亂，擾攘十五年之久，被兵之域擴及十六省之多，據葉德輝《書林清話》云「諸寇亂起，大江南北，遍地劫灰，吳中二、三百年藏書之精華，掃地盡矣〔註39〕！」或（以其）由於太平天國定都南京，長年兵戈，故江浙所受兵

〔註38〕陳弢，《同治中興京外奏議約編》，《近代中國史料叢刊》，第十三輯第一二八冊（台北：文海出版社，民國67年），卷五，頁373～374，〈請購刊經史疏〉。

〔註39〕同註3，卷九，頁256～257。

爕，最爲嚴重，而這兩省，是朱明以來私人收藏事業的中心，則其書藏之毀滅，應可想知。無名氏之〈焚書論〉云：「洪逆之亂，所至之地，倘遇書籍，不投之於溷厠，即置之於水火。遂使東南藏書之家，蕩然無存〔註40〕。」茲分述幾大藏書遭劫之情況：

（一）天一閣之劫

天一閣爲明嘉靖間范欽所創置，吸收豐氏萬卷樓之收藏，書藏多，年代久，兩浙收藏，當推天一閣爲第一。黃宗羲即曾贊許云：「天一閣書，范司馬所藏也。從嘉靖至今，蓋已百五十年矣。」〔註41〕

清四庫開館時，亦曾多借其書寫入四庫，且模仿其藏書之法。《東華錄》乾隆三十九年（1774）六月上諭載：

> 浙江寧波范懋柱家所進之書最多，因加恩賞給《古今圖書集成》一部，以示嘉獎。聞其家藏書處，曰天一閣：純用甎甃，不畏火燭。自前明相傳至今，並無損壞，其法甚精。著傳寅著，親往該處，看其房間製造之法若何？……今辦《四庫全書》，卷帙浩繁，欲仿其藏書之法，以垂久遠〔註42〕。

阮元亦謂：「海內藏書之家，最久者惟寧波范氏天一閣，巋然獨存其藏書在閣之上，……乾隆間詔建七閣，參用其式；且多寫其書入四庫，賜以《圖書集成》，亦至顯榮矣〔註43〕！」這樣豐富的收藏，在太平天國亂後，竟宣告散佚。

閣中藏書之散佚，見范司馬公十世孫彭壽《天一閣見存書目》跋云：

> 咸豐辛酉（十一年；1861），粵匪踞郡城，閣既殘破，書亦散亡。於時先府君（諱邦綏，咸豐丙辰進士，四川即用知縣）方避地山中，得訊大驚，即間關至江北岸。聞書爲洋人傳教者所得，或賣諸奉化唐嶼造紙者之家，急借貲贖回，寇退又偕宗老多方購求，不遺餘力，而書始稍稍復歸。其有散在他邑不聽贖取者，則賴郡守任邱邊公葆誠，移文提贖還藏閣中〔註44〕。

〔註40〕《紀聞類編》卷四（有光緒三年 1877 年葉爾康序），引自陳登原，《中國歷代典籍考》（台北：順風出版社，民國 57 年），卷二，頁 234。

〔註41〕黃宗羲，《南雷文定》，《叢書集成》，新編第七六冊（台北：新文豐出版社，民國 74 年），頁 216。

〔註42〕王先謙、朱壽朋等纂修，《東華續錄》（台南：大東書局，民國 57 年），卷三十，頁 1101，乾隆三十九年六月。

〔註43〕朱彝尊，《曝書亭集》（台北：世界書局，民國 53 年），卷四四，頁 540。

〔註44〕薛福成，〈天一閣見存書目〉（台北：古亭書屋，民國 59 年），范彭壽跋，頁 357。

雖因粵匪踞城，閣破書亡，然主要爲不肖之徒將典籍視爲廢紙，稱斤論兩賣給紙廠，如馬孟顓所言：

> 同治元年（1862），長髮軍之佔領寧波也，閣中收藏之零落，大有足以令人惋歎者。鄞縣之南，奉化唐嶼，舊有還魂紙廠。還魂紙者，即專收破碎無用之故紙，轉製粗紙，以爲市物包裹之用者。時方亂離，不肖者即得閣書，亦無所用其販賣；於是權衡輕重，計斤而賣售之於唐嶼者，爲故紙用也〔註45〕。

又見繆荃孫〈天一閣始末記〉中云：

> 咸豐辛酉粵匪之亂，閣既殘毀，書亦星散。范氏後人四川知縣邦綏，避地山中。得訊大驚，即間關至江北岸搜訪。聞書爲洋人傳教者所得，或賣諸奉化唐嶼造紙者之家。急借貲贖回，寇退又偕宗老多方購求〔註46〕。

可知閣書劫於兵燹，或經轉賣至唐嶼廢紙廠而遭厄。

光緒十五年（1889），薛福成編《天一閣見存書目》時，其凡例第三條即云：「閣書經兵燹後，完善者鮮。今於全者注全，缺者注缺，兼注見存若干，以副命名之意〔註47〕。」而其所載數量較之嘉慶十三年（1808）阮元之〈天一閣目記〉，所謂見存者已不及原目十之三四矣。

（二）振綺堂之劫

振綺堂創自汪憲，歷經其子汪汝瑮、其孫汪誠、曾孫汪遠孫累世經營。陳用光《振綺堂書目》序云：

> 余來杭州，聞汪舍人遠孫（即誠之子），家藏甚豐，借觀其目。舍人既以《臨安志》見贈，並索爲目錄序。舍人之藏書，分經史子集四部，部各有子目，而所考證其書之佳否眞僞，及得書之緣起，自註於上方甚詳，且秩然有條理也〔註48〕。

可知其收藏之盛況。可惜這批藏書於咸豐十一年（1861），遭逢太平天國之劫，藏

〔註45〕陳登原，〈天一閣藏書考〉，〈天一閣見存書目〉（台北：古亭書屋，民國59年），頁446。

〔註46〕繆荃孫，〈藝風堂文漫存〉，《藝風堂文集》，《近代中國史料叢刊》，第九五輯第九四五冊（台北：文海出版社，民國62年），卷三，乙丁稾，〈天一閣始末記〉，頁2～3。

〔註47〕同註44，凡例，頁2。

〔註48〕陳用光，《振綺堂書目》，引自陳登原，《中國歷代典籍考》（台北：順風出版社，民國57年），卷二，頁238。

書盡散〔註49〕。

（三）壽松堂之劫

　　壽松堂為孫宗濂所創，海寧陳鱣曾以《臨安志》賦詩，有「關心志乘亡全佚，屈指收藏又一家」之語，陳氏之詠，雖然是指吳氏拜經樓藏有宋本《臨安志》百卷，但稱又一家是表示不敢輕視孫氏壽松堂之收藏。然壽松堂之藏書亦不幸於咸豐十一年（1861），遭太平天國之劫，而盡付雲烟。

　　據孫氏後代孫峻的追記，可窺其藏書之梗概，孫峻〈八千卷樓藏書志序〉云：

　　　　詔開四庫徵天下遺書，吾杭之進書者，若鮑氏知不足齋、汪氏開萬
　　　樓（汪啓淑）、吳氏瓶花齋、汪氏振綺堂與吾家壽松堂，得五家焉。……
　　　先通議公，所進之書多小山藏本。小山（趙昱）之書，多澹生（山陰祁
　　　承爍）藏本。蓋通議之考，娶於趙氏；二林之考，娶於祁氏，兩家書椷
　　　半為館甥所得也。咸豐辛酉，寇烽再熾，寒家所藏圖籍，盡付雲烟，峻
　　　生也晚，不獲覩當時珍秘；但聞諸家君所詔而已。同治癸酉，峻方六齡，
　　　家君得殿本《四庫總目》，峻竊讀之。見四部中每書之下，載杭州孫某家
　　　藏本，觸處皆是〔註50〕。

可知壽松、澹生及小山三堂，由於聯姻而成一個系統之藏書，澹生堂祁氏，興於明末，小山堂趙氏，興於清初〔註51〕，由澹生以至小山，由小山以至壽松堂孫氏，故壽松堂之毀，實毀及三家近三百年累世之藏，能不令人唏噓。

（四）江浙三閣遭劫

　　除私家藏書，罹於太平天國戰火者外，尚有江浙三閣之《四庫全書》。

　　清代有功於文化，莫過於收輯《四庫全書》，流布藝林。全書最先繕錄完成的是文淵、文源、文溯、文津等閣。此四閣均位於宮廷禁地，一般人不易涉足，高宗遂下令再抄成三部，分別藏於江浙人文薈萃之處，即文匯、文宗、文瀾三閣。

1、文宗閣

　　乾隆四十四年（1779）建成，閣在江蘇鎮江之金山寺內，乾隆五十二年開始入藏，乾隆五十五年完成收藏。道光二十一年（1841），遭鴉片戰爭之火燬去部份，

〔註49〕汪文臺，《七家後漢書》（台北：文海出版社，民國63年），序，頁2，引崔國榜之言曰：「錢塘汪氏振綺堂，辛酉亂後，汪氏藏書盡散。」

〔註50〕丁仁，《八千卷樓書目》二十卷，《書目四編》，第一～四冊（台北：廣文書局，民國59年），敍一，頁1。

〔註51〕全祖望，《鮚埼亭集》，《國學基本叢書》，第1188～1202冊（台北：台灣商務印書館，民國57年），外編卷十七，頁886～887，〈小山堂藏書記〉。

至咸豐三年（1853），書與閣俱燬於太平天國之戰火。

2、文匯閣

乾隆四十五年建成，閣在江蘇揚州大觀堂，乾隆五十二年開始入藏，三年後完成收藏，是書與閣在咸豐四年（1854），亦全燬於太平天國戰火。

莫友芝於同治四年（1865）五月，探訪鎮江、揚州兩閣之書，其〈上曾國藩書〉云：

> 奉鈞委探訪鎮江、揚州兩閣四庫書，即留兩郡間二十許日，悉心諮問，並謂閣書向由兩淮鹽運使經營，每閣歲派紳士十許人，司其曝檢借收。咸豐二三年間，毛賊且至揚州，紳士曾呈請運使劉良駒籌費，移書避深山中，堅不肯應。比賊火及閣，尚扃鑰完固，竟不能奪出一冊〔註52〕。

二閣之藏，燬於賊炬，未能奪出一冊，實令人感慨！

3、文瀾閣

乾隆四十九年就浙江杭州聖因寺玉蘭堂改建而成。乾隆五十二年開始入藏，至乾隆五十五年收藏始告完備。咸豐十一年（1861）太平軍第二次攻陷杭州，是閣倒壞，閣書全遭散失，幸藏書家八千卷樓主人丁申、丁丙，以搜集殘編為己任。孫峻〈八千卷樓藏書志序〉提到：

> 咸豐辛酉，杭垣再陷。兩大室家遭毀，其與身俱免者，隱君所熟翫之《周易本義》而已。孟仲既出詈罵，亟趣西溪為觀察公負土。見閣（文瀾）書橫弁道側，俯拾即是，遂深夜潛身詣閣，負而藏諸僻處，始避居海上，亂定逼里，移庋郡庠尊經閣，依類編目，綜一萬餘冊。陳諸疆吏，文襄左氏，見而動容，為題書庫抱殘圖以張之〔註53〕。

由於丁氏兄弟積極護書，雖備嘗艱阻，然文瀾之殘編，尚得保有四分之一。

（五）蘇省諸家之遭劫

太平天國之兵燹，除毀及上述諸藏書家之收藏，及三閣之《四庫全書》外，尚有松江之韓對虞，長洲汪氏之藝芸書舍、南京朱氏開有益齋等收藏家之書，亦遭波及。藏書外，手稿遺著的散失亦屢見不鮮，許多藏書家視書如命，遭燬後往往抑鬱而終。

松江韓對虞，其收藏接收黃氏士禮居之遺書，積約十萬卷。據繆荃孫〈華亭

〔註52〕李希泌，張椒華，《中國古代藏書與近代圖書館史料》（台北：仲信出版社，民國72年），頁20，〈上曾國藩書〉。

〔註53〕同註50，頁2。

韓氏藏書記〉云：

> 咸豐丁巳、戊午之間（咸豐七、八年，1857～1858），猶時至金閶
> 收書。迨庚申粵逆陷松江，君之藏書、板本、古器、書畫，與所居俱燬，
> 君遂鬱鬱以沒〔註54〕。

長洲汪氏之藝芸書舍，亦承黃氏士禮居之舊，在庚申（咸豐十年；1860）之
亂時，竟至一本不存〔註55〕。

南京朱緒曾開有益齋，藏書十數萬卷，皆極精審。咸豐三年（1853）以後，
洪秀全佔據南京，清兵環而攻之，故其收藏皆為灰燼。據朱緒曾《開有益齋讀書
志》劉壽曾跋云：

> 上元朱述之緒曾先生，以研經博物，聞名東南。所著《開有益齋集》，
> 都十餘萬言，佚於兵火。此〈讀書記〉六卷，〈金石文字〉一卷，蓋全集
> 三之一耳。先生吉嗣桂模之言曰：「先君子藏書至富，每遇秘笈，尤喜傳
> 鈔。咸豐癸丑（咸豐三年，1853），粵寇陷江寧，先君子方官浙中，慨收
> 藏之灰燼，因取旅次所存數十籃，日夕閱覽，撮其大旨，筆於別簡。」
> 〔註56〕

以上所述，為太平天國之亂，文獻散失的大略情形，論地域，所毀者不止東
南地區或江浙兩地而已；論收藏家，亦不止上述諸家，所散失者，除古籍外，亦
有手稿、遺著等，至為可惜。

二、捻匪與海源閣之散失

捻匪之起遲於太平天國，其平定亦為較後。太平天國後期的軍事活動，雖限
於長江下游，但與北方兩淮的捻匪關係則甚為密切。捻匪之亂綿延時，著名的海
源閣精本，散失不少。

我國藏書之分布，據王獻唐〈海源閣藏書之損失與善後處置〉云：

> 大抵中國文化分野，在秦漢以前，完全為東西文化，永嘉南渡以後，
> 則為南北文化。此南北文化之中心，尤偏在南方，試就各家藏書簿錄，
> 逐一檢點，舉凡長編巨冊，秘笈孤編，十之七八，胥在江浙藏書家中。……
> 海源閣主人楊致堂先生，於清道光年間，盡得汪氏藝芸書舍藏書，輦載

〔註54〕同註46，卷三，癸甲稿，〈華亭韓氏藏書記〉，頁6。
〔註55〕程登元（陳登原），《中國歷代典籍考》（台北：順風出版社，民國57年），卷二，
頁244。
〔註56〕朱緒曾，《開有益齋讀書志》六卷（台北：廣文書局，民國58年），跋，頁429。

而東。此在中國藏書史上，爲南北轉移之一大變遷，而於全民族文化之
溝通，尤關重要〔註57〕。

可知當時北方藏書，除御府珍秘之外，集中於山東聊城楊氏之海源閣。海源閣實
爲山左藏弆之鉅擘，其收藏之來源，承嘉慶時黃堯圃之百宋一廛，汪士鍾之藝芸
精舍，及清宗室端華之樂善堂等精華。據王獻唐《聊城海源閣藏書之過去現在》
中云：

> 清代私家藏書，初以江浙爲中心。展轉流播，終不出江浙境外。迨
> 聊城楊致堂，始得百宋一廛之精本，輦載而東，情勢乃稍稍變矣。

又云：

> 近人多以楊書珍本，率出百宋一廛；余以目驗所及，知其得於樂善
> 堂者，正不亞於藝芸書舍。……綜上兩支，可知楊氏藏書，半得於南，
> 半得於北。吸取兩地精帙，萃於山左一隅，其關於藏書史上地域之變遷，
> 最爲重要。以前江浙藏書中心之格局，已岌岌爲之衝破矣〔註58〕。

又傅增湘〈海源閣藏書紀要〉云：

> 吾國近百年來，藏書大家，以南瞿北楊，並稱雄於海內。以其收藏
> 閎富，古書授受源流，咸以端緒。若陸氏之皕宋樓，丁氏之八千卷樓，
> 乃新造之邦，殊未足相提並論也。楊氏收書，始於致堂河督，其子鰓卿
> 太史繼之，其孫鳳阿舍人又繼之，致堂於道光季年，在南中所得，多爲
> 汪閬源之物。汪氏得之於黃堯圃。黃氏所得，多爲清初毛錢徐季諸家所
> 藏。至鰓卿鳳阿所收，咸在京師。值咸同間怡府書散，其時朱子清潘伯
> 寅翁叔平爭相購致；而鰓卿亦頗得精秘之本。然怡府舊藏，亦由徐季而
> 來，其流傳之緒，大率如此。據《楹書隅錄》所載，凡宋本八十五，金
> 元本三十九，明本十三，校本百有七，鈔本二十四；然鰓卿晚年所得之
> 書，固未嘗入錄也。鰓卿欲爲三編之纂，迄未有成。故江建霞手鈔之目，
> 往往有出於隅錄之外者。即吾輩今日所見，亦有不載於目者，職是故也
> 〔註59〕。

由此可見海源閣藏書之富。

〔註57〕王獻唐，〈海源閣藏書之損失與善後處置〉，《山東省立圖書館季刊》，第一卷第一期
　　　　（民國20年3月），頁13。

〔註58〕王獻唐，《聊城海源閣藏書之過去現在》（濟南山東省立圖書館鉛印本，民國19年），
　　　　頁2。

〔註59〕傅增湘，〈海源閣藏書紀要〉，《大公報》（民國20年5月24日），第三版。

楊氏海源閣三世藏書之精華，舉凡明末清初諸名家所有古鈔皆萃於一門，為北方圖書之府，然咸豐十一年（1861），皖寇之亂，收藏竟毀其十之三四！閣主楊紹和《楹書隅錄》跋宋本毛詩云：

> 辛酉皖寇擾及，齊魯之交，烽火亘千里，所過之處，悉成焦土。二月初，犯肥城西境，據余華跗莊陶南山館一晝夜。自分珍藏圖籍，必已盡付劫灰。及寇退，收拾爐餘，幸猶十存五六。而宋元舊槧，所焚獨多，且經部尤甚。此本只存卷十八至末三卷，監本只卷首至十一而已，鳴呼，豈真大美忌完，理同如是乎〔註60〕。

又據王獻唐《聊城楊氏海源閣藏書之過去現在》云：

> 華跗莊附近田地，多為楊氏私產，所謂陶南山館即在其地。當時楊氏書籍，多藏於此，尚有硯石數百餘方，亦存陶南。捻匪初時，焚掠極慘，幸有捻匪首領任柱追至，嚴令禁止，乃免於劫；宋元舊槧之僅存者，亦任柱之功也〔註61〕。

是為海源閣遭捻匪之劫！

三、外患與典籍之散失

外患如同內亂，也是摧殘典籍之劊子手。清代幾次對外戰役，如鴉片戰爭、英法聯軍、八國聯軍等戰役，莫不對典籍構成傷害。

（一）天一閣地方志被盜

外人乘兵亂之際，盜取我典籍的例子極夥，例如道光二十年庚子（1840）鴉片戰爭時，英軍侵入寧波，乘機奪走天一閣所藏之《一統志》及輿地書數種而去，據繆荃孫《天一閣始末記》云：

> 道光庚子英人破寧波，登閣周視，僅取一統志及輿地書數種而去〔註62〕。然當時天一閣所藏之地志，被譽為是私人收藏之冠。

（二）圓明園《四庫全書》遭焚

七閣之一的文源閣，建於乾隆四十年，閣在北平西郊清帝御花園之一的圓明園，乾隆四十一年全書入藏。據葉昌熾《藏書紀事詩》云：

> 咸豐十年英法聯軍焚淀園，京師戒嚴，持朱提一笏，至廠肆，即可

〔註60〕楊紹和，《楹書隅錄》，五卷（台北：廣文書局，民國56年），卷一，頁48。
〔註61〕同註58，頁12。
〔註62〕同註46。

載書兼輯。仁和朱修伯先，得之最多〔註63〕。

咸豐十年（1860），英法聯軍攻陷北京，書與閣俱燬於英法聯軍之火。

（三）《永樂大典》最後的散亡

外患中，書籍遭厄最甚，莫過於八國聯軍之役，聯軍佔領北京時，號稱為中國百科全書的《永樂大典》，即亡散於此役。

《永樂大典》之纂修，於永樂元年（1403）七月丙子，翰林侍讀學士解縉等奉諭後開始〔註64〕。永樂二年（1404）十一月書成，成祖賜名為《文獻大成》，此即《永樂大典》之前身，後以尚多未備，乃命重修，於永樂三年（1405）正月在南京文淵閣開始進行，至永樂六年（1408）十二月全書告成。《大典》舉凡經史子集百家之書，以及天文、地志、陰陽、醫卜、僧道、技藝之言，皆彙輯之，括之以類，統之以韻，全由楷書繕寫而成，共有二萬二千八百七十七卷，凡例並目錄六十卷，裝潢成一萬一千九十五冊。每冊書高約一尺六寸，寬約九寸五分，封面硬裱，以黃絹連腦包裹。

《永樂大典》編纂鈔寫完成後，初儲於南京文淵閣，永樂十九年（1421）遷都北京，《大典》隨之，便置於北京皇宮文樓。明世宗嘉靖三十六年（1557）四月，宮中失火，世宗極力救出，雖幸未被焚，然世宗耽心散失，於是詔徐階等照式摹寫副本，至穆宗隆慶元年（1567）始畢。乃以原本存於北京文淵閣，副本貯於皇史宬〔註65〕。明思宗崇禎十七年（1644），流寇李自成破北京，竟縱火焚城，《永樂大典》原本被燬，而副本亦散失十分之一。清世祖時，乃將《大典》副本自皇史宬移置翰林院。清高宗乾隆三十八年（1773），開《四庫全書》館纂辦《大典》佚書之校勘。乾隆三十九（1774），校勘纂修官黃壽齡遺失《大典》六冊，高宗降旨查明嚴緝，盜者不敢留存，置書於御河橋畔，遂失而復得。

咸豐十年（1860）英法聯軍入京，燒燬圓明園，文物被殘，遺存之《大典》開始再度散失。據繆荃孫《永樂大典考》追記親見親聞云：

原書萬餘冊，恭庋敬一亭，蛛網塵封，無人過問。咸豐庚申與西國議和，使館林立，與翰林院密邇，書遂漸漸遺失。光緒乙亥（1857），重修翰林院衙門，庋置此書，不及五千冊。嚴究館人，交刑部，斃於獄，

〔註63〕葉昌熾，《藏書紀事詩》（台北：世界書局，民國50年），卷六，頁322～338。

〔註64〕《明實錄》附校勘記（台北：中央研究院歷史語言研究所，民國53年），第十冊，頁393，永樂元年秋丙子條。

〔註65〕清季諸儒一度有重錄正副二部之說，即合永樂原本而有三部。此據郭伯恭《永樂大典考》之推斷，主重錄止一部之說。

而書無著。余丙子（1867）入翰林，詢之清秘堂前輩云，尚有三千餘冊。請觀之，則群睨而笑，以爲若庶常習散館賦耳，何觀此不急之務爲，且官書焉能借。……迨丙戌（1886），志伯愚侍讀銳，始導之入敬一亭觀書，並允借閱。……乾隆間館臣原籤，尚有存者。前後閱過九百餘冊，而余丁內艱矣。零落不完，毫無鉅帙。……癸巳（1893）起復詢之，則賸六百餘冊。庚子（1900）鉅劫，翰林院一段皆劃入使館，舊所儲藏，均不可問，《大典》只存三百餘冊。正書早歸天上，副本亦付劫灰，後之人徒知其名而已，可勝歎哉〔註66〕！

光緒元年（1857）點檢，已不及五千冊，至光緒十九年（1893），僅存六百餘冊，散佚情形頗爲驚人！

前述光緒十二年（1886），繆氏入敬一亭觀書，當時《大典》尚存九百餘冊，後因管理不善，遺失不少。由於此書爲舉世公認之稀有瑰寶，故引起當時在翰林院工作的諸位大臣，暗懷私心，乃作有計劃的竊盜。據劉聲木《萇楚齋隨筆》云：

　　據繆筱珊太史荃孫《藝風堂文集》所載，太史到翰林院時，已只存三百餘本，復爲同院諸公盜出。其盜書之法，早間入院帶一包袱，包一綿馬褂，約如《永樂大典》兩本大小。晚間出院，將馬褂穿於身上，偷《永樂大典》兩本，仍包入包袱內，如早間帶來式樣。典守者見其早間挾一包入，晚復挾一包出，大小如一，不虞將其馬褂加穿於身，偷去《永樂大典》兩本，包於包袱內而出。久之，《永樂大典》三百餘本，又掃地無餘。太史並謂每次偷書，以兩本爲最合式，恰如綿馬褂一件大小，多則爲人所易覺。其偷書之法，眞極精巧刻毒，不意竟翰林諸公行之〔註67〕！

翰林院諸公得手後，或以高價出售，或當作珍寶私藏。因此，《大典》有部份流落民間。據葉德輝《書林清話》卷八云：

　　《永樂大典》有百餘本在萍鄉文藝閣學士廷式家，文故後，其家人出以求售，吾曾見之，皆入聲韻，白紙八行朱絲格鈔，書面爲黃絹裱紙，蓋文在翰林院竊出者也〔註68〕。

這是很好的例子，便是文氏竊出後所散佚民間的。

光緒廿六年（1900），庚子八國聯軍之役，慈禧太后亡命西安。傳說聯軍進入

〔註66〕繆荃孫，《藝風堂文續集》，《近代中國史料叢刊》，第九五輯第九四五冊（台北：文海出版社，民國62年），卷四，頁3～4，〈永樂大典考〉。

〔註67〕劉聲木，《萇楚齋隨筆》（台北：世界書局，民國49年），卷三，頁5。

〔註68〕同註3，卷八，頁122。

北京城後，爲警戒計，故在東交民巷設防，而翰林院正好與之毗鄰；洋兵便將儲藏於翰林院的巨本搬出充築壘之用。迨聯軍退去後，經清廷檢理，僅存三百餘冊，遂交學部收存。據雷震《新燕語》云：

> 庚子拳亂後，四庫藏書，散佚過半。都人傳言英、法、德、日四國運去者不少。又言洋兵入城時，曾取該書之厚二寸許長尺許者，以代磚，支墊軍用等物。武進劉葆眞太史拾得數冊。閱之則《永樂大典》也，此眞斯文掃地矣〔註69〕。

在承平時日，典籍的維護已屬不易，要防範水厄、火災，也要防止蟲害與腐爛，更何況遭逢戰爭，在兵燹中要保存典籍，更是難上加難，如鐵琴銅劍樓在太平天國擾亂江浙之時，倖免於難，然從記載可知，瞿秉淵、秉濬兄弟護書的不易，據朱緒曾《開有益齋讀書志》跋云：

> 當粵寇之難，邑中藏書大半燬失。秉淵兄弟，獨不避艱險，載赴江北，寇退載歸，雖略有散亡，而珍秘之本，保護未失〔註70〕。

由此可徵當時書籍散佚的嚴重，及保書之不易！因此，亟應重視書籍的流傳，好書能藉抄寫複本或重加翻刻以傳香火，實爲每一後生來嗣之重責大任也。

〔註69〕雷震，〈新燕語〉，引自陳登原，《中國歷代典籍考》（台北：順風出版社，民國 57 年），卷二，頁 270～271。
〔註70〕同註56。

第二章　各省官書局的成立

　　清代中葉，由於政府的腐敗，清廷無法應付新時局，在內憂外患交加下，經濟上導致國窮財盡，社會上形成紊亂不安，在文化上更是造成前所未有之浩劫。

　　各種典籍，由於咸、同間頻繁的兵燹戰亂，散佚焚燬者，不知凡幾。然清代向來主持內府刻書的武英殿，在同治一朝，闃然無聞；坊間書肆偶有刻書，多為錯訛刪節之本，令人不忍卒讀。同治初年，內亂平定，清廷極欲整頓地方事業，但處於書籍極度缺乏的情況下，如何振興文教？因此，當時注重傳統文化的中興將帥，於領兵平亂後，附庸風雅，倡導設立書局，刊印圖書，一時興起，各省紛紛起應，廣設書局，誠為亂後盛事。本章即在探究當時地方官吏對設立書局的提倡與響應，並統計各省成立的官書局數量及各省官書局之沿革。

第一節　地方官吏的提倡與響應

　　清代地方行政區域，大體沿襲明代。順治時，有一直隸、十四布政使司。康熙初年，則改稱為行省，並調整區域，因而全國共有十八行省，後又增置新疆省、台灣省（甲午戰後與日本）、奉天省、吉林省、黑龍江省，至清朝末年全國共有二十二省。

　　明代是以布政使掌理地方政事，巡撫原為中央之官，因事特設，奉使派地。明代中葉後，漸趨地方官化，如同三司的長官；總督，職責主要在於軍事，並不過問地方行政。清代之巡撫則為一省首長，主一省政事，並在巡撫之外，又置總督。總督有管轄一省、二省、或三省者，且亦有兼巡撫之例，總督雖名為巡撫的長官，但職權並無明顯的劃分，二者均屬各省之地方長官。

　　清代咸、同年間，因值嚴重的內憂與外患，中央無力應付時局，乃將部份統

治權交出，授予各省督撫，起用他們以平定內亂。這些素有學養的封疆大吏為收攬人心，以保存中國傳統文化為號召，於領兵平亂之際，目睹當時社會兵燹戰亂，感於文物慘遭厄運，公私藏書及書板毀於戰火，幾無倖免，典籍大多散佚毀損或化為灰燼，因而扼腕慨歎，故於肅清地方內亂後，為教化百姓及培育人才，在書籍極度缺乏情況下，提倡風雅，設立書局，刊印書籍，亟想在振興文教及保存國粹方面有所貢獻。

洪楊之亂，清廷任用曾國藩為兩江總督，全力進討太平軍重要之據點安慶（今安徽省懷遠縣）。曾氏既力圖匡復中興，復以發揚文教為職志，於咸豐十一年（1861）克復安慶時，即以刻書之事為急。據況周頤《蕙風簃二筆》載：

> 咸豐十一年八月，曾文正公克復安慶，部署確定，命莫子偲（友芝）大令采訪遺書，商之九弟沅圃（國荃）方伯，刻《王船山遺書》。既復江寧，開書局於冶城山，延博雅之儒校讎經史〔註1〕。

曾氏擬開設書局於軍中，乃與其九弟曾國荃商議，謀刻《王船山遺書》，遂遣莫友芝開始采訪書籍。同治二年（1863），曾國荃繼續領兵圍攻南京之太平軍，此時已設書局於安慶。見曾國藩《曾文正公手寫日記》載：

> 同治二年，沅甫弟捐資全數刊刻，開局於安慶。三年，移於金陵〔註2〕。

同治三年收復南京，書局隨之東移，始大規模刊刻典籍，發皇文化之舉，即是設於江寧的「金陵書局」，為各省最早成立之官書局。

清廷遣閩浙總督兼署浙江巡撫左宗棠，平定佔據浙江之太平軍。並於同治三年（1864）二月，收復杭州省城。據羅正鈞《左文襄公（宗棠）年譜》同治三年二月條：

> 公進駐省城，……公設賑撫局收養難民，招商開市，……收茶商廢鐵，修濬河道，設書局刊刻經籍〔註3〕。

左宗棠除設賑撫局濟助難民外，並盡力於地方各項事業之經營及建設。又據陳其元《庸閒齋筆記》卷三中〈左爵相創設書局〉條之記載：

> 今各直省多設書局矣！而事則肇於左爵相，局則肇於寧波。……爵相以亂後書籍板片，多無存者，飭以此羨餘，刊刻《四書》、《五經》，嗣

〔註1〕況周頤，《蕙風簃二筆》（清光緒間刊本），卷一，頁1。

〔註2〕曾國藩，《曾文正公手寫日記》，《中國史學叢書》（台北：台灣學生書局，民國54年），頁2247，同治五年五月初三日。

〔註3〕羅正鈞，《左文襄公（宗棠）年譜》，《近代中國史料叢刊》，年譜傳記類第三十七冊（台北：文海出版社，民國61年），卷三，頁209。

杭城收復，復於省中設局辦理。……蘇州、金陵、江西、湖北，相繼而
起，經史賴以不墜，皆爵相之首創也〔註4〕。

左氏有感於戰亂之後，書籍及板片，多無存者，遂開設書局刊印經籍。待杭州省
城收復後，繼續經理書局事宜，然亦謂爲各省設立書局之創始〔註5〕。

曾國藩、左宗棠於平定內亂時，便在地方率先創設書局，以刻印圖書推動文
化事業，且孳孳以此爲務，終於造成風氣，而爲各省設立書局之表率。

同治四年（1865），洪楊內亂敉平後，各省文化事業迭經戰亂之破壞，亟待推
動。同治五年（1866）九月十五日，御史范熙溥以各省軍務即將肅清，亟宜振興
文教事業〔註6〕。據閩浙總督吳棠〈閩省建設書院疏〉中載有：

> 竊查同治六年正月二十五日接准禮部咨，同治五年九月十五日奉上
> 諭御史范熙溥奏，軍務未靖省分，亟宜振興文教一摺。……欽遵查舉人
> 肄業書院，雖例所不禁，然並無明文，其願否聽其自便，該御史所稱福
> 建省創設舉人肄業膏火，擬令他省酌量添設等語。……現在各省軍務漸
> 次肅清，應由各該督撫通飭所屬，妥爲整頓。……書院之設，所以作育
> 人材〔註7〕。

范氏建議振興文教事業，由各省總督、巡撫，轉飭所屬府、州、縣之書院，應妥
善加以整頓，以便培育人材。

江蘇學政鮑源深，則強調培育人才，應刻印或補購經史諸書爲要。同治六年
（1867）五月，鮑源深奏〈請購刊經史疏〉云：

> 臣擬請旨，將殿板諸書，照舊重頒各學，誠恐內存書籍無多，武英
> 殿書板久未修整，亦難刷印，因思由內頒發，不如由外購求，敬請敕下
> 各督撫，轉飭所屬府州縣，將舊存學中書籍，設法購補，俾士子咸資講
> 習，并籌措經費，擇書之尤要者，循例重加刊刻，以廣流傳。……夫勘
> 亂則整武爲先，興學則修文宜亟。……士子深於經者，窺聖學之原；深
> 於史者，達政事之要，體重兼賅，蓋卜人才蔚起，於以光列聖右文之治，

〔註4〕陳其元，《庸閒齋筆記》，《筆記小說大觀》，正編第四冊（台北：新興書局，民國六
　　　二年），卷三，頁2683。
〔註5〕各省設書局之始，以左氏任職浙江巡撫自咸豐十一年（1861）十二月廿四日迄同治
　　　二年（1863）三月十八日，然曾氏於刻書之事則肇始咸豐十一年八月，參見註1。
〔註6〕陳弢，《同治中興京外奏議約編》，《近代中國史料叢刊》，第十三輯第一二八冊（台
　　　北：文海出版社，民國67年），卷五，頁413，〈閩省建設書院疏〉。
〔註7〕同上註。

廣皇上教育之仁，豈非黼黻中興之聖舉哉〔註8〕！

鮑源深認為興學培育人才，則應修文宜亟，惟江寧唯已設書局刻書，至於經史大部之書，尚未刊刻，提議由各省總督、巡撫、及藩司等地方官吏，轉飭所隸屬之府、州、縣等，對散佚損毀之書籍盡量補購，或重加刊印，頒發各省、府、州、縣學，使士子得以研讀，達到朝廷崇尚文治、教育人才的中興大業。

亂後，地方各項事業亟需加以整頓，范熙溥及鮑源深所上之奏摺，皆認為振興文教，以作育人材，應由各地方總督、巡撫推動，乃經由禮部轉頒此二奏摺，通令地方各省知之。

各省地方官吏在兩江總督曾國藩及閩浙總督左宗棠率先設立書局，刊印圖書，以及頒布范熙浦、鮑源深二奏摺於地方各省的雙重影響下，為振興文教事業，各省之總督、巡撫受此先知灼見之士的鼓舞，於是紛紛設書局印圖書。茲錄與各省設局刻書有關之奏摺，以知當時各省設書局刻書風氣的盛行。

浙江巡撫馬新貽，經由禮部轉頒范熙浦及鮑源深之奏摺後，於同治六年（1867）十月十二日覆奏，以浙江省城各書院已修建復，呈報又開設書局刊印圖書的情形。據王錫蕃《馬端敏公（新貽）奏議》卷五〈建復書院設局刊書以興實學摺〉云：

> 竊臣先准禮部咨，議覆御史范熙浦奏，軍務肅清省分，亟宜振興文教，令將所屬書院妥為整頓。奉旨依議，欽此，續又准咨，同治六年五月初六日奉上諭鮑源深奏，請刊刻書籍，頒發各學一摺。……臣竊據布政使楊昌濬，按察使王凱泰詳稱，欲興文教，必先講求實學，不但整頓書院，尤須廣集群書。……惟書籍一項，經前兼署撫臣左宗棠飭刊《四書》、《五經》讀本一部，餘尚未備，士子雖欲購求，無書可讀，而坊肆寥寥，斷簡殘篇，雖資考究，無以嘉惠儒林，自應在省設局重刊，以興文教。當經臣批飭迅速舉辦，即於四月二十六日開局，一面遴派篤實紳士分司校勘，並先恭刊欽定《七經》、《御批通鑑》、《御選古文淵鑑》等書，昭示圭臬〔註9〕。

浙江省之布政使楊昌濬、按察使王凱泰，以浙江省城之各書院已修建恢復原狀，開始舉行課業，至於書籍，僅刊有《四書》、《五經》讀本各一部，其餘付之缺如。然振興文教，除了整頓書院外，更須廣集群書，因此，實有其迫切需要性，乃設

〔註8〕同註6，頁373～376，〈請購刊經史疏〉。

〔註9〕王錫蕃，《馬端敏公（新貽）奏議》，《近代中國史料叢刊續編》，第一七一冊（台北：文海出版社，民國71年），卷五，頁527～530，〈建復書院設局刊書以興實學摺〉。又同註六，卷五，頁369～371，〈設局刊書疏〉。

立書局以刻印圖書。

　　湖廣總督李鴻章，亦接獲經由禮部轉頒范熙溥及鮑源深之奏摺，於同治八年（1869）五月二十日，奏有〈設局刊書摺〉，乃遵旨設局，刻印圖書。據李鴻章《李文忠公全集》奏稿十五〈設局刊書摺〉云：

　　　　奏爲遵旨設局刊書隨時頒布，以資實學而廣人材，恭摺奏祈　聖鑒
　　　　事，竊查接管卷內准禮部咨，議覆御史范熙溥奏，軍務肅清省分，亟應
　　　　振興文教，請將所屬書院，妥爲整頓。奉旨依議，欽此。續又准咨，同
　　　　治六年五月初二日奉上諭鮑源深奏，請刊刻書籍頒發各學一摺等因，欽
　　　　此，恭錄行知，均經前署督李瀚章，前撫臣曾國荃，會商辦理省城江漢
　　　　書院，業已建復，……嗣於六年十月十五日開設書局，派委候補道張炳
　　　　墊，候選道胡鳳丹妥爲經理。……此次設局刊書，祇可先其所急，除《四
　　　　書》、《十三經》讀本爲童蒙肄習之書，業經刊刻頒行各學外，伏思欽定
　　　　《七經》、《御批通鑑》，集經史之大成，尤爲士林圭臬，其餘文選、牧令、
　　　　政治等書，亦皆切於日用，業經訪覓善本，次第開雕〔註10〕。

湖北省於辦理修復省城江漢書院後，便開設書局，並先刊印《四書》、《十三經》等基本用書，以供童蒙肄習之用，至於其他實用之書，再依需求刻印。

　　四川總督兼署成都將軍吳棠，由禮部轉頒鮑源深之奏摺後，便擬設局刻書。於同治十年（1871）七月初五日奏陳〈設局刊刻書籍由〉載：

　　　　竊照前准禮部咨，同治六年五月初六日內閣奉上諭鮑源深奏，請刊
　　　　刻書籍頒發各學一摺，著各直省督、撫轉飭所屬。……伏查四川僻處西
　　　　陲，各學舊存書籍既多散佚，閭里藏書之家亦不數覯，坊間偶有大部經
　　　　史，均係購自江浙等省，軍興以後，至者殊少。……當商同直省司道，
　　　　先行捐廉設局，敬謹重刊，欽定《朱子全書》，去冬業已竣工，並刷印頒
　　　　發通省府、廳、州、縣書院，以資講習。……恭查殿本前後《漢書》，考
　　　　核精詳，洵爲士林圭臬。臣復率屬捐籌款項，訪延宿學，詳細校刊，亦
　　　　次第告竣，現又籌款接刊《史記》、《三國志》兩書，合成《四史》，除俟
　　　　刊刷齊全，即分發各學，並准書肆刷印，務期流傳日廣，俾多士咸敦實
　　　　學外，所有設局刊刷書籍緣由〔註11〕。

吳氏以四川地處西境，當時之刻書、藏書本已不多，需用的書籍，大抵購自江浙

〔註10〕李鴻章，《李文忠公全集》（台北：文海出版社，民國 57 年），奏稿十五，頁 523，
　　　　〈設局刊書摺〉。
〔註11〕軍機處摺件，一〇八三七七號，吳棠，〈設局刊刻書籍由〉，同治十年七月初五日。

人文薈萃等省，然自咸、同內亂之後，書籍販賣到四川者更少，於是便籌設書局，大多先刊印經史諸書，以頒發各書院，俾使士子同沐實學。

光緒五年（1879）三月初九日，山西巡撫曾國荃奏有〈設立書局疏〉，乃為晉省設立書局，先刻印精善本《四書》、《六經》，以便利士民之用。據蕭榮爵《曾忠襄公（國荃）奏議》卷十三中〈設立書局疏〉云：

> 竊臣恭讀同治六年五月初六日上諭鮑源深奏，請刊刻書籍，頒發各學一摺。……東南各省先後設局，將經史各書刊刻齊全，本省藝林莫不利賴，獨晉省僻處邊陲，尚未興辦。臣蒞晉後，查書肆既無刊印官書，即南省已刻之書，又因道路艱險無人販運到晉，凡市肆所售者，率皆訛誤，不堪卒讀。……臣率同署藩司江人鏡、臬司薛允升，冀寧道王溥，酌定章程，在於太原府城設立濬文書局，一面選派曉暢經史正佐各員，……悉心讎校，招匠刊刻，擬俟刻成之後，即令書肆刷印，以廣流傳〔註12〕。

曾國荃於讀鮑源深之奏後，深知朝廷崇尚儒術，教育人材之至意，而山西省地處邊陲，東南各省刻印之書，因路途險阻，無人運至販賣，以至士子無書可讀，實有設局刻書之必要，因而設立書局。

前述各省之設立書局，除受鮑源深、范熙溥之影響外，在書籍極為缺乏的情況下，如曾國荃以「晉省僻在山陬，經史子集十購九缺，坊肆諸刻訛誤過多，不得不仿東南各省規模，循照設立書局〔註13〕。」當時東南各省已先後成立書局，乃仿照東南各省規模，循例設立書局，此即受曾國藩、左宗棠於江蘇、浙江率先設書局刻書之影響。如陝西省之設書局，據鹿傳霖奏，「陝西學政臣柯逢時，仿照東南省，於涇陽縣設立書局〔註14〕。」便是仿照東南各省而設立書局，又如丁寶楨（文誠）任山東巡撫時，亦曾仿東南五省官書局之規制，而創設山東書局〔註15〕。

張之洞任兩廣總督時，為延續前代文治之盛，擬設書局續刊圖書，於光緒十三年（1887）十月二十五日奏請〈開設書局刊布經籍摺〉，據張之洞《張文襄公全

〔註12〕蕭榮爵，《曾忠襄公（國荃）奏議》，《近代中國史料叢刊》（台北：文海出版社，民國 67 年），卷十三，頁 1217～1221，〈設立書局疏〉。

〔註13〕蕭榮爵，《曾忠襄公（國荃）奏議》，《近代中國史料叢刊》（台北：文海出版社，民國 67 年），卷十四，頁 1391～1393，〈請仍設書局另買數種疏〉。

〔註14〕王先謙、朱壽朋等纂修，《光緒朝東華錄》（台南：大東書局，民國 57 年），頁 3014，光緒十七年十一月。

〔註15〕劉聲木，《萇楚齋五筆》，《近代中國史料叢刊》（台北：文海出版社，民國 57 年），卷九，頁 5。

集》卷二十三載〈開設書局刊布經籍摺〉云：

> 竊維經學昌明，至我朝爲極盛。道光年間，前督臣阮元校刊《皇清
> 經解》一千四百餘卷，……迨今六十餘年，通人著述，日出不窮，或有
> 草稿遺編，家藏槧木，當時未見，近始流傳，亟應續輯刊行，以昭聖代
> 文治之盛。……臣等海邦承乏，深惟治源亟宜殫敬勸學之方，以收經正
> 民興之效。此外，史部子部集部諸書，可以考鑑古今，裨益經濟，維持
> 人心風俗者，一併蒐羅刊播。上年即經臣之洞捐貲設局，……名曰廣雅
> 書局〔註16〕。

張氏設廣雅書局，除欲賡續阮元的刻書盛事外，同時也受東南各省設書局的影響，
《張文襄公全集》卷九三〈札運司開設書局〉之公牘云：

> 照得刊布經籍，乃興學之要務，致用之本原。近年江、浙、楚、蜀
> 諸省，各設書局，刊行甚多，廣東嶺海名區，人文薈萃，此舉未備，殊
> 爲闕如〔註17〕。

張氏亦鑑於江蘇、浙江、湖北、四川等省各設書局，刻印圖書甚多，而以廣東省
爲嶺海名區，人文薈萃，不設書局，有虧職守，因而有設書局續刊書籍之舉。

　　然亦有不受上述各種影響，而設局刻書者，如江蘇巡撫丁日昌，於同治七年
（1861）三月初十日奏〈設立蘇省書局疏〉，其內容乃爲擬刻印牧令各書，以端吏
治而正人心，而於江蘇省設書局刻印圖書。據溫廷敬編《丁中丞（日昌）政書》
撫吳奏稿引〈設立蘇省書局疏〉云：

> 竊惟國家設官分職，皆以爲民，而與最親，莫如州縣，得其人則治，
> 失其人則亂，自古爲然，於今尤急。……臣現督飭局員，選擇牧津、牧
> 令，凡有關於吏治之書，……他如農桑、水利、學校、賑荒諸大政，……
> 至於小學爲童蒙養正之基，經史爲藝苑大成之目，謹當陸續刊成，廣爲
> 流布。……臣在蘇省設立書局，先刊牧令各書〔註18〕。

丁氏重視地方親民之官及牧民之政，而州縣之官，與民爲親近，與地方安危之關
係最爲密切，因確有實際之需要，於是甫任江蘇巡撫，即籌劃奏請設立書局編刊

〔註16〕張之洞，《張文襄公全集》（台北：文海出版社，民國59年），卷二十三，奏議二十
　　　　三，頁1837～1839，〈開設書局刊布經籍摺〉。
〔註17〕同上註，卷九三，公牘八，頁6471～6472，〈札運司開設書局〉。
〔註18〕溫廷敬，《丁中丞（日昌）政書》，《近代中國史料叢刊續輯》（台北：文海出版社，
　　　　民國71年），撫吳奏稿一，頁7，〈設立蘇省書局疏〉。又同註六，卷五，頁377～
　　　　380，〈蘇省設局刊書疏〉。

牧令等各書，有俾於吏治民生風化人心，並頒發各屬，以便利遵循。

就以上所引述文字，略可知各省地方官吏，無論是仿照東南各省設局刻書規模的影響；或是由於朝廷的鼓勵，經由禮部咨發鮑、范之奏予各省督、撫，而響應當局設書局刻印圖書的政策，或是由於實際上的需要而設局刻書，一時聞風興起，形成一股設書局刻印圖書的風潮。

第二節　各省成立官書局的統計

同治初年，曾國藩於平定內亂之際，率先在江寧創設金陵書局，東南五省官書局繼之而起，在朝廷的鼓勵及地方疆臣大吏的推動下，一時成為風潮，展開設局刻書的風氣。當時各省之督、撫往往於一省光復後，輒以設書局刻書為當時之要務，以振興當地的文教。

地方官署刻書由來已久，地方政府所屬州、府、縣之官司衙署及學校、書院等各機關，均有其官銜銜名，所刻之書，各家書目、書識，多以官銜銜名著錄之。自同治以至光緒，各省地方官吏之督、撫等，設立專門刻書的書局，為地方政府所管轄，故性質上屬於地方官署刻書，所刻之書以「局本」或「局板」稱之。據《古籍版本鑒定叢談》載「局板」之釋義為：「清同治、光緒間，官家在各省成立的書局所刻印的書〔註19〕。」故「局板」限定為同、光間，地方官府在各省成立的書局，所刻印的圖書。又見李文裿《板本名稱釋略》稱：「各省官書局所刻之書，稱局本。……書目之著錄局本，皆冠以地名〔註20〕。」可知書目或書識著錄各省官書局所刻之書，均以地名冠於局名之上，以識別之。

同、光年間，各省大多設有官書局，以刻印圖書，惟至今尚未有確切完整的統計資料。近人朱士嘉擬彙編各省官書局書目時，僅收羅到江蘇、浙江、山東、山西、湖南、湖北、福建、廣東、四川等九個省份的書目〔註21〕，當時所成立的各省官書局，實不止此，可見彙集各省官書局之資料甚為不易。然而又由於坊間書肆之刻書，當時亦已有以「書局」為名者，如同文書局〔註22〕；又各家書目著

〔註19〕新文豐出版公司編輯部，《古籍版本鑒定叢談》（台北：新文豐出版公司，民國73年），頁54。

〔註20〕李文裿，《板本名稱釋略》，《中國圖書版本學論文選輯》（台北：學海出版社，民國70年），頁127。

〔註21〕朱士嘉，《官書局書目彙編》（北平，中華圖書館協會，民國22年），引言，頁1。

〔註22〕張錦郎，《中國近百年來出版事業大事紀》，《中華民國出版年鑑》，民國64年（台北：中國出版公司，民國65年），頁44，光緒七年，徐鴻甫、徐潤之創辦同文書局。

錄各省官書局刻本之名稱並不一致，如浙江書局刊本即杭州書局本；甚至各局本身雕印之木記，對書局名稱亦未前後一致，如淮南書局刊本即揚州書局刊本；及類似圖書館以收藏圖書，供士子之用者，亦有以「書局」稱之，如勸學官書局〔註23〕；至光緒末年又有性質不同的官書局成立等。因此，分辨同、光之際各省之官書局至爲困難，且影響統計各省官書局所刻印書籍的準確性。

　　以下據各書籍之記載，對於同、光年間各省成立之官書局，試爲整理編次。據孫毓修《中國雕版源流考》之記載爲：「自同治己巳，江寧、蘇州、杭州、武昌同時設局後，淮南、南昌、長沙、福州、廣雅、濟南、成都繼起〔註24〕。」孫氏以自同治八年（1869，歲次己巳）後，各省書局紛紛成立，這些繼起成立之書局，共計九省有十一所書局。又據屈萬里、昌彼得撰，潘美月增訂《圖書板本學要略》所載：「曾文正慨兵燹之餘，書肆蕩然無存，乃於江寧設金陵書局，於揚州設淮南書局。於是杭州浙江書局，蘇州江蘇書局，武昌崇文書局，長沙思賢書局，濟南山東書局，廣州廣雅書局，以及江西、河南、天津、蘭州等官書局，相繼而起，所刻四部之書極夥，復極一時之盛〔註25〕。」此篇所錄各省設立之書局，與上篇所載僅略有不同，經刪減重出，計有十四所書局。至於記載較爲詳盡的，則爲淨雨的〈清代印刷史小紀〉，茲錄於後〔註26〕：

　江蘇　　江南書局（江寧）

　　　　　江楚書局（江寧）

　　　　　淮南書局（揚州）

　　　　　蘇州書局（蘇州）

　浙江　　浙江書局（杭州）

　湖北　　崇文書局（武昌）

　湖南　　思賢書局（長沙）

　江西　　江西書局（南昌）

〔註23〕蔣啓勛等修，汪士鐸等纂，《續纂江寧府志》，《中國方志叢書》，華中地方第一號（台北：成文出版社，民國63年），卷六實政，頁56，勸學官書局，同治十年七月成立，孫依言以江寧士子寒畯者多難得書，請曾國藩取江寧、江蘇、浙江、湖北四局之書典藏備借閱。

〔註24〕孫毓修，《中國雕板源流考》（台北：台灣商務印書館，民國63年），頁22。

〔註25〕屈萬里、昌彼得，潘美月增訂，《圖書板本學要略》（台北：中國文化大學出版部，民國75年），卷二，頁62。

〔註26〕淨雨，〈清代印刷史小紀〉，《書林清話》（台北：世界書局，民國72年），書林雜話，頁4～5。

四川　存古書局（成都）
山東　皇華書局（濟南）
山西　山西官書局（太原）
福建　福州書局（福州）
廣東　廣雅書局（廣州）
雲南　雲南書局（昆明）

　　由於將各省官書局所屬之省名，及地名均予著錄，極為清晰明瞭，上述三篇
經刪減重複，設書局之省有十一省，書局則增為十七所。又據其他各文獻之記載
及各現存書目之著錄〔註27〕，經整理歸納，除前述所錄之各省官書局外，尚有：

江蘇　聚珍書局
　　　上海官書局
　　　揚州書局（即淮南書局）
　　　金陵書局（即江寧書局，又即江南書局）
　　　國學書局
湖南　傳忠書局
　　　湖南官書局
山西　濬文書局（即山西官書局）
河北　直隸官書局
　　　京師官書局
　　　天津官書局
陝西　陝西書局（西安）
　　　陝西書局（涇陽縣）
　　　味經官書局
福建　正誼書局
四川　成都書局
廣西　桂垣書局
　　　桂林官書局

〔註27〕參閱江蘇省國學圖書館編，《江蘇省立國學圖書館圖書總目》（台北：廣文書局，民
　　　國59年），十五冊。及國立中央圖書館編，《台灣公藏普通本線裝書目書名索引》
　　　（台北：該館印行，民國71年），一冊。及張之洞、范希曾補正，《書目答問補正》
　　　（台北：新興書局，民國63年），一冊。又王民信，〈晚清局刻本〉，《古籍鑑定與
　　　維護研習會專集》（台北：中國圖書館學會，民國74年），頁181。

河南　河南官書局

山東　山東書局

安徽　曲水書局

湖北　湖北官書局（即武昌書局，又即崇文書局）

浙江　杭州書局（即浙江書局）

廣東　廣東書局（即粵東書局，又稱廣州書局）

　　　海南書局

甘肅　蘭州官印書局

吉林　吉林官書局

新疆　新疆官書局

貴州　貴州官書局

至此，約十九省設有書局，而先後成立書局者約計三十九所（詳見「各省官書局一覽表」）。又據民國二年（1913）六月二十五日，京師圖書館為催收各省刊印官書，其〈致教育部社會教育司司長〉函，以咨調各省局刻官書以為該館任人閱覽之用，嗣經各省陸續送至，惟有數省官書至今尚未送到，故錄各省已送來者計有：直隸、奉天、吉林、黑龍江、山西、河南、雲南、廣東、山東、江蘇、四川、浙江、福建、湖北；各省未送來者有：陝西、湖南、安徽、廣西、甘肅、貴州、新疆、熱河、青海〔註28〕。據此所載，似乎全國各省均設有官書局，然因限於資料，只能以有記載者之各省所設之三十九所官書局為本文論述的範圍。

附表一：各省官書局一覽表

　　（按民國三十六年內政部所編「中華民國行政區域簡表」所列各省為序）

省別　地名　　書局名稱

江蘇　江寧　　金陵書局（江寧書局；江南書局）

　　　揚州　　淮南書局（揚州書局）

　　　江寧　　江楚編譯書局（江楚書局）

　　　南京　　國學書局

　　　蘇州　　江蘇書局（蘇州書局）

　　　江寧　　聚珍書局

　　　上海　　上海官書局

〔註28〕李希泌、張椒華，《中國古代藏書與近代圖書館史料》（台北：仲信出版社，民國72年），頁203。

浙江	杭州	浙江書局（杭州書局）
安徽	常州	曲水書局（曲江書局）
江西	南昌	江西書局（南昌書局）
湖北	武昌	崇文書局（武昌書局；湖北官書局）
湖南	長沙	傳忠書局
	長沙	思賢書局
		湖南官書局
四川	成都	成都書局
	成都	存古書局
福建	福州	正誼書局
	福州	福州書局
廣東	廣州	廣東書局（粵東書局；廣州書局）
	廣州	廣雅書局
	海口	海南書局
廣西	桂林	桂垣書局
	桂林	桂林官書局
雲南	昆明	雲南官書局
貴州		貴州書局
直隸	天津	天津官書局
		京師官書局
		直隸官書局
山東	濟南	山東書局
	濟南	皇華書局
河南		河南官書局
山西	太原	濬文書局（山西官書局）
陝西	西安	陝西書局
	涇陽縣	陝西書局
		味經官書局
甘肅		甘肅書局
		蘭州官印書局
吉林		吉林官書局
新疆		新疆官書局

第三節 各省官書局之沿革

本節係以「各省官書局一覽表」（附表一）所列者爲探究範圍，採取個案研究的方式，以省爲單位，依次論述各省官書局沿革。惟因各省官書局設立的情況不同，如存在時間的長短，刻書的多寡及經營的良窳等，皆影響各省官書局的有關資料及書目書識的記載，囿於資料，以致敘述各省官書局時亦詳略不一。

一、江蘇省

（一）金陵書局（又稱江寧書局，或稱江南書局）

金陵書局爲最早成立的官書局。咸豐十一年（1861）曾國藩任兩江總督克復安慶時，便與其弟曾國荃議謀重刻《王船山遺書》〔註29〕。同治二年（1863）曾國荃繼續領兵圍攻南京，那時即已開設書局於安慶，同治三年（1864）湘軍收復南京，書局亦隨之東移，置於鐵作坊〔註30〕。七年（1868）又移局於冶城山江寧府學之飛霞閣〔註31〕金陵爲南京之古稱，於是因其地而命名爲「金陵書局」，江寧則屬縣治，故亦稱爲「江寧書局」。光緒初年，雖又易名爲「江南書局」，然仍沿用「金陵書局」舊稱〔註32〕。光緒二十四年（1898）九月兩江總督劉坤一上奏，呈請爲節省經費，裁併局所，書局撥款停止，此後改歸江寧府管理〔註33〕。惟原貢院街售書之所，仍專用江南書局之名。

（二）淮南書局（又稱揚州書局）

淮南書局，在揚州瓊花觀街甘泉境，原爲收恤寒畯之養賢館，於同治八年（1869）爲兩淮鹽運使方濬頤設立，爲整理舊存鹽法志及各種官書殘板，並刊布江淮間耆舊著述，便延請養賢館中士人，至書局從事校勘工作〔註34〕。光緒五年（1879）兩鹽運使洪汝奎，更是積極訪求善本，以傳刻之〔註35〕。光緒二十四年九月兩江總督劉坤一奏請裁併局所，淮南書局裁撤，員司責成兩淮運司管理〔註

〔註29〕同註1。
〔註30〕莫祥芝等修，汪士鐸等纂，《同治上元江寧兩縣志》（清同治十三年刊本），頁3。
〔註31〕同註23。
〔註32〕柳詒徵，〈國學書局本末〉，《江蘇省立國學圖書館》，第三年刊（民國19年），頁8。
〔註33〕同註14，頁4210，光緒二四年九月。
〔註34〕謝延庚修，劉壽曾等纂，《光緒江都縣續志》，《中國方志叢書華中地方》，第二六號（台北：成文出版社，民國63年），頁900～901。
〔註35〕同註34。
〔註36〕同註33。

36〕。光緒三十三年（1907）因新學萌芽，舊籍爲人輕視，印售舊書之事，歸併入譯著新書的江楚編譯官書局〔註 37〕。光緒年間，淮南書局在揚州省城遭火，版片焚燬甚夥，由兩淮運司封閉。光緒末年，由江蘇提學使呈請督院，將燬餘版本移於江南書局之尊經閣庋藏〔註 38〕。據現存台灣之局刻本，該局所刊各書，同治八、九年之刊本，多以揚州書局稱之，其後所刊之書，則以淮南書局爲名者居多。

（三）江楚編譯書局（或稱江楚書局）

江楚編譯書局，係光緒二十七年（1901）兩江總督劉坤一及湖廣總督張之洞會同奏設〔註 39〕。當時爲培育人才，於是興建學堂，並設局編譯東、西學方面之教科書，以備學堂之需。局設於江寧，初名爲江鄂，後改爲江楚。由於劉坤一自謙無學，編譯之事乃多由張之洞取決，經費由江蘇方面擔負費用，而湖北僅居虛名〔註 40〕。光緒二十七年（1901）九月正式開局〔註 41〕，延請黃紹基、繆荃孫爲總纂，以羅振玉副之，而湖北方面則延請分纂七人。所編之書先彼此覆勘，以示慎重〔註 42〕。光緒三十年（1904）並議定議書章程及書局章程〔註 43〕。同年十一月裁減江楚編譯官書局閒員，並令移至已裁撤之織造司庫衙門〔註 44〕，時淮南、金陵二局，亦已漸次裁併。宣統元年（1909）江蘇諮議局議決裁撤該局。時兩江總督張人駿，奏請將江楚編譯局改爲江蘇通志局，以專修志書〔註 45〕。宣統三年（1911）通志局與江南圖書館隸屬同一總辦，以節省經費〔註 46〕。

（四）國學書局

〔註37〕同註 32，頁 10。

〔註38〕教育部，《第一次中國教育年鑑》（台北：傳記文學雜誌社，民國 60 年），丙編教育概況，第二社會教育概況，頁 1194〜1196。

〔註39〕張人駿，〈兩江總督張人駿護理江蘇巡撫陸鍾琦奏〉，《政治官報》，第二八冊（台北：文海出版社，民國 54 年），頁 369〜371。

〔註40〕同註 32，頁 10〜16。

〔註41〕胡鈞，《張文襄公（之洞）年譜》，《近代中國史料叢刊分類選集》（台北：文海出版社，民國 61 年），卷四，頁 192。以光緒二十八年正月兩江湖廣，會設江楚編譯局於江寧，然據所刊之書，已有光緒二十七年之刊本，故採用以光緒二十七年九月正式設局。

〔註42〕同註 41，頁 192。

〔註43〕〈江寧江楚編譯書局，條具譯書章程並釐定局章〉，《東方雜誌》，第一卷第九期（光緒三十年九月），頁 206〜207，211〜213。

〔註44〕《大清德宗光緒皇帝實錄》（台北：華聯出版社，民國 53 年），卷五三八，頁 4952，光緒三十年甲辰十一月，端方等奏。

〔註45〕同註 39。

〔註46〕同註 32，頁 2〜12。

　　國學書局，承自金陵書局（即江南書局），與其有聯帶關係者，有淮南書局及江楚編譯官書局，蓋因三者庋藏書版之處相同，而售書之處亦在一起，但所隸屬之機關卻不相同〔註47〕。江南書局，於光緒二十四年（1898）歸江寧府管理；宣統三年（1911）江楚、淮南二局之書籍版片則統歸江南圖書館經營。當時江南書局之版片與江楚、淮南二局之版片，同時貯存於朝天宮尊經閣內，仍由江南書局貢院街之售書所發售刊印之書，而一切發行事宜則由李楷林承辦〔註48〕。

　　民國初年，江南官書局則直屬江蘇省長公署及教育廳管轄，民國十六年設立大學區制，遂歸大學之擴充教育處管轄〔註49〕；至於淮南及江楚二局之書，仍由江蘇省立第一圖書館（即前江南圖書館）經營〔註50〕。該館與江南官書局之聯帶關係，是因江南官書局發售淮南書局及江楚編譯書局之各書，且以餘利歸於該館〔註51〕。民國十七年冬，因南京市政府收用江南書局原有房屋作為民眾茶社，乃由貢院街遷移至金沙井，並奉命改名為中央大學區國學書局〔註52〕。此後，國學書局之經理李楷林呈請辭職，由教育部批准，並委派中央圖書館籌備處主任蔣復璁等前往接收，加以整理，且擬將該局版片歸併於中央教育館的中央圖書館內〔註53〕。惟據蔣復璁〈國立中央圖書館創辦的經過與未來的展〉一文中云，金陵書局儲藏圖書及版片之處所，在南京張國樑祠，且朝天宮尊經閣亦儲存版片，後將張祠內之版片，一併移藏尊經閣內，後以張祠原貯之機器在中央圖書館附設印刷所，至抗戰發生，該局之版本及印刷所機器全部留置南京，後汪偽組織的偽軍住朝天宮，而所有版片遂為燒飯用盡〔註54〕。原江南、淮南、江楚三局所存版片數目，據《第一次中國教育年鑑》中「國學書局概況」之統計，江南書局版片共四萬七千六百八十三面；淮南書局版片共一萬九千七百二十三面；江楚書局版片共七千

〔註47〕同註32，頁1。
〔註48〕柳詒徵，〈函大學院長蔡子民、楊杏佛〉（民國17年4月24日），《中央大學國學圖書館第一年刊》（民國17年），案牘，頁23〜25。
〔註49〕柳詒徵，〈致教育廳函〉（民國18年9月24日），《江蘇省立國學圖書館第三年刊》（民國19年），案牘，頁14〜15。
〔註50〕同註48，頁24。
〔註51〕柳詒徵，〈函致教育廳大學籌備委員會，改良省立第一圖書館計畫書〉（民國16年7月2日），《江蘇省立國學圖書館第一年刊》（民國17年）。
〔註52〕同註31，頁12。
〔註53〕同註38。
〔註54〕蔣復璁，〈國立中央圖書館創辦的經過與未來的展望〉，《圖書館學講座專輯之二》（高雄：國立中山大學圖書館，民國74年），頁31〜35。

三百一十面。統計共存七萬四千七百七十面〔註55〕。

（五）江蘇書局（又稱蘇州書局）

江蘇書局，爲江蘇巡撫丁日昌所設。丁氏爲端吏治而正人心，於同治七年（1868）三月初十日上〈蘇省設局刊書疏〉〔註56〕，同治八年（1869）據江蘇書局所刊行的《牧令書輯要》，其書後錄有「皇帝御極之七載，日昌由蘇藩司，蒙恩擢任巡撫，奏請於省城開設書局，並刊吏治諸書〔註57〕。」由此可確知同治七年已開設江蘇書局。其所刊各書多以江蘇書局稱之，然因設置於蘇州，故又有「蘇州書局」之別稱。民國初年，江蘇書局隸屬江蘇第二圖書館繼續經營，名稱則改爲「江蘇省立第二圖書館印行所」〔註58〕。

（六）聚珍書局

李鴻章於同治四年（1865）四月任職兩江總督時，除接管金陵書局外，於六年（1867）又別置聚珍書局，主持局務者爲江蘇題補道臨川桂公嵩慶〔註59〕。曾用砌字本排印「硃批諭旨」外，尚有《兩漢刊誤補遺》、《三國志》、《史姓韻編》、《棠蔭比事》、《同管錄》等書；刊版印行者，有《李氏音鑑》、《宋名臣言行錄》、《歷代紀元編》、《歷代地理志韻編》、《皇朝輿地韻編》、《歷代地理沿革圖》、《皇朝一統輿圖》、《呻吟語》、《五種遺規》、《學仕遺補》、《古文詞略》、《唐詩近體》、《浪語集》、《楊忠愍公遺書》、《曾文正公奏疏文鈔合刊》、及《格言連璧》等專書，是書局於光緒五年（1879）裁撤，但今日該書局所刊印之書，皆甚罕見〔註60〕。

（七）上海官書局

上海書局所刻印之書，據《台灣公藏普通本線裝書目》所載：有《（御纂）七經七種》、《大清會典》、《皇朝蓄艾文編》、《格致課藝彙編》、《（繪像）繡香囊全傳七集》等。其中《皇朝蓄艾文編》，其板本之著錄最早爲光緒二十九年（1903）上海官書局刊本，推知該局應爲新設之官書局。

二、浙江省

〔註55〕同註38。
〔註56〕同註18，頁3～10，〈設立蘇省書局疏〉。
〔註57〕王民信，〈晚清局刻本〉，《古籍鑒定與維護研習會專集》（台北：中國圖書館學會，民國74年），頁180。
〔註58〕同註48，頁24。
〔註59〕同註29，卷十二，頁14。
〔註60〕同註31。

浙江書局（或稱杭州書局）

左宗棠任浙江巡撫時，於同治三年（1864）二月，設書局刻印經籍〔註 61〕。書局原址設於寧波，後以杭州收復，遷於杭州〔註 62〕。

又同治六年（1867），浙江巡撫馬新貽在其〈設局刊書疏〉中，載及依布政使楊昌濬、按察使王凱泰之議，設局刻書〔註 63〕。書局設於杭州省城小營巷之報恩寺，後以局務擴充，移局於中正巷之三忠祠，而以報恩寺爲官書坊。光緒八年（1882），所有版片亦移置三忠祠，提調盛康並於祠側聽園，添築屋宇，以安置校勘人員〔註 64〕。宣統元年（1909）巡撫增韞，爲順應時勢，奏請擴充藏書樓爲圖書館，並歸併官書局於圖書館，更名爲官書印售所，直屬圖書館坐辦，仍設提調以司局事。民國以後，改稱浙江圖書附設印行所，官書坊亦易名爲發行所。民國二十一年（1932），總館遷於大學路新築洋樓，故將三忠祠所藏版片貯存於孤山分館〔註 65〕。

三、安徽省

曲水書局（又稱曲江書局）

曲水書局，據劉聲木《萇楚齋隨筆》卷七之記載，其以曲江書局刊本，重訂汪子遺書之李振英序文中稱：「江南大定，安省設立官書局，吳竹莊方伯擬刻汪子遺書，因泥盤、印工獨產常州，乃移曲水書局於常郡之龍城書院先賢祠。」曲水書局，本爲皖省設立官書局，移置常州府（屬江蘇省）後刊印書籍不多，流傳亦罕，故外間多認爲皖省未設立書局〔註 66〕。

四、江西省

江西書局（亦稱南昌書局）

江西書局刻印之書，據《台灣公藏普通本線裝書目》之著錄，有《宋史紀事本末》等十種，其刊書之年代從同治十年（1871）迄光緒三十年（1904），因著錄不多，無法詳加考知。

〔註 61〕同註 3。

〔註 62〕同註 4。

〔註 63〕同註 6，卷五，頁 369～371，〈設局刊書疏〉。

〔註 64〕龔嘉儁等修，吳慶坻重纂，《光緒杭州府志》，《中國方志叢書》華中地方第一九九號（台北：成文出版社，民國 63 年），頁 539。

〔註 65〕毛春翔，〈浙江省立圖書館藏書版記〉，《浙江省立圖書館館刊》，第四卷第三期（民國 24 年），頁 1～2。

〔註 66〕劉聲木，《萇楚齋隨筆》（台北：世界書局，民國 49 年），卷七，頁 11。

五、湖北省

崇文書局（又稱武昌書局，或稱湖北官書局）

　　湖廣總督李瀚章及湖北巡撫曾國荃，於同治六年（1867）十月十五日正式在武昌開設書局即稱為「崇文書局」，或稱「湖北官書局」。後李鴻章於同治八年（1869）五月二十日，在其〈設局刊書摺〉中，以楚省三次失陷，遭亂最深，士族藏書散亡殆盡，各處書板全燬，坊間書肆無從購求，便先設局刻書，以應當日之急〔註67〕。

　　左宗棠在任陝甘總督時，於同治十二年（1873）十二月十八日上〈請陝甘鄉試分闈並分設學政疏〉中載有：「緣地雜華戎，習俗漸深日深，正恐夏變為夷，靡所止極，不得已設局鄂省，影刊《四書》、《五經》、小學善本，分布各市、各府州廳縣〔註68〕。」由設局鄂省影刊圖書之言，後人遂有左氏曾於湖北設局之說。然以左氏所任之官職，其於咸豐十一年（1861）十二月至同治二年（1863）三月任浙江巡撫，同治二年三月至五年（1866）八月任閩浙總督，又同治五年八月至光緒七年（1881）二月任陝甘總督，其後則任職於京，應不可能至鄂省設局。又據《左文襄公全集》批札卷四〈王道加敏稟刊刻六經即附崇文書局辦理由〉載：「因廣立義學，各州縣求書者紛紛而至，不得不購俗本應之，殊歉然也。盼鄂刻成，先印千本，庶資分布〔註69〕。」由「盼鄂刻成，先印千本，庶資分布」觀之，疑僅向鄂局預訂所迫切需用之書籍，左氏應未在鄂省設書局。

六、湖南省

（一）傳忠書局

　　同治十一年（1872），據王定安（鼎丞）致曾紀澤（惠敏）函云，知《曾文正公全集》已開局編校，該局由曾紀澤請王定安主持局事，即為在長沙省城黎家坡遐齡庵所開設的傳忠書局。光緒三年（1877）曾紀澤離湘北上，王定安亦已先行，至光緒五年（1879）家書家訓刻成，局事則由曹鏡初（耀湘）主持〔註70〕。

　　傳忠書局刻印《曾文正公全集》之編校人員費用，大部分由江南軍需局開款

〔註67〕同註10。

〔註68〕同註6，卷五，頁387～395，〈請陝甘鄉試分闈並分設學政疏〉。又楊書霖，《左文襄公（宗棠）全集》（台北：文海出版社，民國68年），稿卷四四，頁1769～1770。

〔註69〕楊書霖，《左文襄公（宗棠）全集》（台北：文海出版社，民國68年），批札卷四，頁3478。

〔註70〕曾昭六，〈關於各書局成立溯源〉，《曾文正公全集》（台北：文海出版社，民國63年），頁21268～21269。

項下開支，在長沙當地所延聘辦理事務者，則由李瀚章及李鴻章所籌措者開支〔註71〕。據曾昭六〈曾文正公全集編刊考略〉〔註72〕之記載，李鴻章於同治十一年（1872）十二月初九日函〈復曾劼剛通侯〉云：「曹比部耀湘纂輯全集，明歲何時告成，鄂省撥款能足用否？望即示知〔註73〕。」又光緒元年（1875）四月十九日〈致曾劼剛通侯〉云：「家筱兄函告，業將刊經史百家費用五千金續爲墊解，未識何時謦收〔註74〕。」按曾紀澤《曾惠敏公手寫日記》同治十一年（1872）六月廿二日載：「接李制軍函牘解來書局經費三千兩〔註75〕。」又同治十二年（1873）二月初四日載：「湖北熊哨官全文解銀來謁一坐，書銀即鏡初君薪水也〔註76〕。」可確知書局刻印全書時，由李瀚章、李鴻章籌措款項以供局用，故將傳忠書局亦視爲官書局。

（二）思賢書局

思賢書局溯源於思賢講舍，曾國藩於同治十一年（1872）逝世，湘人建祠於長沙小吳門正街以爲紀念，工始於同治十二年（1873）春，完成於光緒元年（1875）冬。郭嵩燾（筠仙）出使歸後，主講於城南書院，於光緒元年（1875）在曾氏祠旁兼闢思賢講舍，除讓學子肄習其中外，光緒三年（1877）亦刻印劉蓉之《養晦堂全集》（現存台大文圖）〔註77〕。光緒十六年（1890）王先謙繼主講於該講舍，因商定於釐務公所歲驟六百金，乃就講舍設書局刻書，此即思賢書局〔註78〕。

（三）湖南官書局

湖南官書局之刻書，據《台灣公藏普通本線裝書目》之著錄，有同治十三年（1874）刊印《通鑑輯覽》，光緒二十一年（1895）刊的《課子隨筆鈔》，及光緒二十八年（1902）刊的《讀史方輿紀要摘錄》等書。湖南官書局，不知與前述傳忠書局有無關連？抑爲另立之官書局，尚無資料可以說明。

〔註71〕同上註，頁21271～21272。及曾昭六，〈曾文正公全集編刊考略〉，《曾文正公全集》（台北：文海出版社，民國63年），頁21115～21116。
〔註72〕曾昭六，〈曾文正公全集編刊考略〉，《曾文正公全集》（台北：文海出版社，民國63年），頁21106～21108。
〔註73〕同註10，朋僚函稿十二，頁281。
〔註74〕同上註，朋僚函稿十五，頁354。
〔註75〕曾紀澤，《曾惠敏公手寫日記》，《中國史學叢書》（台北：學生書局，民國54年），頁655。
〔註76〕同上註，頁788。
〔註77〕同註70，頁21272～21274。
〔註78〕彭禹，〈思賢講舍長沙府學宮之設局刻書〉，《湖南文史資料選輯》，第三輯（長沙：該選輯編委會，1981），頁213～215。

七、四川省

（一）成都書局

　　成都書局始於同治十年（1871）七月初五日，四川總督兼署成都將軍吳棠在〈設局刊刻書籍由〉中言及「商同直省司道，先行捐廉設局，敬謹重刊《朱子全書》，去多業已竣工〔註79〕。」可知同治十年（1871）吳氏已設書局於成都，擬刊書籍。然劉聲木《萇楚齋隨筆》卷七卻謂四川無官書局，僅有錦江及尊經兩大書院，其刊書多種，實可替代官書局〔註80〕。

（二）存古書局

　　存古書局，據淨雨《清代印刷史小記》以官書局視之〔註81〕，設於成都。未知與上述成都書局有關連否？

八、福建省

（一）正誼書局

　　同治五年（1866）左宗棠任閩浙總督，以閩省鼇峰書院舊藏之正誼堂書板，板片蟲蛀無存，故於省會福州開設正誼書局，重刊先哲遺書〔註82〕。惟今日未見該局所刊之書，有無重刊，亦成問題。

（二）福州書局

　　福州書局，據孫毓修《中國雕板源流考》及淨雨《清代印刷史小記》〔註83〕所載，各省官書局中，均載有福州書局，不知是否即前述正誼書局。惟其所刊之書，至今未見著錄。

九、廣東省

（一）廣東書局（或稱粵東書局，亦稱廣州書局）

　　廣東書局，是同治七年（1868）兩廣鹽運使方濬頤（字子箴）於鹽運項下撥款開辦的；同治九年（1870）鹽運使鍾謙鈞，亦撥出款做刻書之用。自同治七年迄光緒元年（1875）均由陳澧（蘭甫）主持該局之校刻事務〔註84〕。然按現存其

〔註79〕同註11。
〔註80〕同註66。
〔註81〕同註24。
〔註82〕同註3，卷四，頁25。
〔註83〕同註22及註24。
〔註84〕于今，〈廣東書局等所刻書〉，《藝林叢錄》，第三編（台北：谷風出版社，民國75

所刻之書，如同治七年（1868）刊之《四庫全書簡明目錄》、《四庫全書總目》等書，皆有廣東書局字樣之木記，又《通志堂經解》以廣東書局刊本著之，《古經解彙函》則以粵東書局刊本稱之，《十三經注疏》據《書目答問》所錄，則以同治十年（1871）廣州書局覆刻殿本錄之。

　　同治十年（1871），曾國藩曾函兩廣總督瑞麟（字澄泉），其〈致瑞澄泉中堂〉函中〔註85〕，建議廣東應於省垣設書局刻《十三經注疏》，以振興文教，並推荐桂文燦（字皓庭）總司書局之事。曾氏此時似尚不知廣東於同治七年（1868）已設局刊書。

（二）廣雅書局

　　廣雅書局為兩廣總督張之洞於光緒十二年（1886）三月設立〔註86〕，然葉昌熾《緣督盧日記》卷五，光緒十四年（1888）七月九日、二十四日、及二十六日之記載〔註87〕，則以該局之成立，為光緒十四年（1888）七月。按《台灣公藏普通本線裝書目》著錄該局刻印之書，如《大戴禮記解詁》、《明史紀事本末》、及《元史紀事本末》等，均為光緒十三年（1887）之刊本，可知以光緒十二年（1886）開設較為確定。張氏會同吳大澂（清卿）巡撫，共同籌度，乃將省城內之舊機器局，加以整修應用，即名為廣雅書局〔註88〕。

　　張氏設廣雅書局，雖為紹祖前規，承繼阮元刻書之舉，同時也受東南各省設書局之影響〔註89〕，惟光緒元年（1875）在四川尊經書院時，已撰《輶軒語》及《書目答問》二書以教士子〔註90〕，其《書目答問》中之《勸刻書》〔註91〕，即提出刻書足以不朽，勸勉好事者刻書，以倡文教，可知張氏早已嚮往設局刻書之事。

年），頁106～107。
〔註85〕王定安，《曾文正公全集》（未刊信稿）（台北：文海出版社，民國63年），頁21028。
〔註86〕同註41，卷二，頁89。
〔註87〕葉昌熾，《緣督盧日記》，《中國史學叢書》（台北：學生書局，民國53年），卷五，頁157～158。按光緒十四年七月初九日載：「校操羖遺書，得我庚丈柬，坿來粵電，知南皮及憲齋招，即日束裝。不知其何事也。」廿四日載：「憲齋丈自粵赴河防新任，今日過家，夜招往便飯略談，知前電招來為廣雅書局而設。」廿六日載：「得郎亭辛楣函，知南皮尚書在南園舊址建十先生祠，即其中設廣雅書局，網羅人士，以司校勘，屬即日束裝就道。」
〔註88〕同註16。
〔註89〕同註16。卷九三，公牘八，頁6471～6472。
〔註90〕同註41，卷一，頁44。
〔註91〕張之洞，范希增補正，《書目答問補正》（台北：新興書局，民國63年），卷五，頁216～217。

廣雅書局，自開局以迄光緒末年停辦，二十餘年來，刻印成書者逾千種，經、史、子、集、及叢部圖書無所不包，其中又以史部書籍更屬繁富。停辦後，該局雖存，然版片坌積，編次錯亂，民國六年（1917），徐信符（紹棨）董理圖書館時，便悉心加以整理，並於民國十二年（1923），呈請官廳，自行籌款，定名「廣雅版片印行所」。徐氏整理版片擇其版式一律者，凡一百五十五種，彙爲《廣雅叢書》，其中屬於史學者，有九十三種，亦別爲《史學叢書》〔註92〕。民國二十三年（1934），粵省當局改廣雅書局爲「省立編印局」〔註93〕。至於廣雅書局版片，徐氏於中日戰爭時，深知廣州即將失陷，乃與廖伯魯酌商將部分版片移至西樵，戰後再運回廣州，其未及撤去即已損燬矣〔註94〕！

（三）海南書局

海南書局，據《台灣公藏普通本線裝書目》載錄有《瓊州府志四十四卷卷首一卷》，爲光緒十六年（1890）海口海南書局重刊本，惟《瓊州府志》屬地方志書，且又以地名冠於書局之上，故將海南書局列入。

十、廣西省

（一）桂垣書局

馬丕瑤於光緒十五年（1889）任廣西巡撫，曾與前撫臣沈秉成籌商整頓粵省，以教養爲先，裨益吏治民心。同年十二月便上奏陳述興辦事宜，認爲宜開書局，作爲讀書培養人才之助，乃擬在省城開設書局刻印圖書〔註95〕。按《德宗景皇帝實錄》光緒十七年（1891）正月載：「於省局刊刻經書善本，以惠士林〔註96〕。」又《光緒朝東華錄》光緒十七年（1891）二月載馬丕瑤奏云：「至省局刊刻六經、……均已工竣，……此外應刊之書，仍陸續籌款刊發〔註97〕。」可知光緒十七年（1891）該局已刻印圖書。

（二）桂林官書局

桂林官書局，不知與桂垣書局有無淵源？或爲新設之官書局，現尙無法確定。

〔註92〕周漢光，《張之洞與廣雅書院》（台北：中國文化大學出版部，民國72年），頁343～345，頁467～468。

〔註93〕同上註，頁499。

〔註94〕同92註，頁47。

〔註95〕同註14，頁2682，光緒十五年十二月。

〔註96〕同註44，卷二九三，頁2627。

〔註97〕同註95，頁2837～2838。

據《台灣公藏普通本線裝書》之著錄，有宣統二年（1910）桂林官書局鉛印之《廣西諮議局第二屆會議提議建議決議案彙編》乙書。

十一、雲南省

雲南官書局

在昆明的雲南書局不知何人何年所設，然於宣統二年（1910）三月將書局各項書板，移歸雲南圖書館儲存。該局遺留之書板，有《御纂七經》、《通鑑輯覽》、及屬《雲南叢書》之《滇繫》、《滇南詩略》、《滇南文略》等〔註98〕。

十二、貴州省

（一）貴州書局

據《大清德宗光緒皇帝實錄》卷三百八十六，光緒二十二年（1896）二月載貴州巡撫嵩崑之奏疏云：「擬在省城設書局，請飭江南等省書局，刷寄所刊經史子集每種十部，以作式樣〔註99〕。」此僅云及擬在省城設書局，不知是否正式設局刻書。又據《大清德宗光緒皇帝實錄》卷五百二十六，光緒三十年（1904）正月所載：「貴州學政趙惟熙，敬陳治黔要政，為綱四，曰飭吏治、理財政、廣教化、靖疆圉。……廣教化之目，曰設書局〔註100〕。」則貴州雖處僻壤，似亦曾設有書局印書。

十三、直隸

（一）天津官書局

據《台灣公藏普通本線裝書目》之著錄，刊有《通商約章類纂》一書，為該書局光緒十二年（1886）刊本。

（二）京師官書局（京師學部官書局）

據《台灣公藏普通本線裝書目》載，京師官書局所刻之書有《征西紀略》、《戶部銀庫奏案輯要》、及《立體形學》等書。

（三）直隸官書局

〔註98〕〈雲南圖書館紀事〉，引自李希泌、張椒華，《中國古代藏書與近代圖書館史料》（台北：仲信出版社，民國72年），頁335～339。

〔註99〕同註44，卷三八六，頁3506。

〔註100〕同上註，卷五二六，頁4853。

　　據《台灣公藏普通本線裝書目》載，直隸官書局所刻之書有光緒七年（1881）刊本之《朔方備乘》。然宣節在《京華印書局五十年》中云；「據說，直隸官書局是由康有爲、梁啓超所辦強學會書局改組而來〔註101〕。」按光緒二十二年（1896）始將強學書局改爲官書局，而現存之書光緒七年（1881）已有直隸官書局之刊本，故可確知此局並非由強學書局改組而來。

十四、山東省

（一）山東書局

　　同治十一年（1872）丁寶楨任山東巡撫，仿東南五省官書局之例，亦創設山東書局於濟南，曾以十三經讀本發局開雕。當時各項書板皆藏於尙志堂書院內，其後存於山東圖書館。惟因經費支絀，刻印經史諸書不多，故未能與江南各省書局鼎立〔註102〕。光緒二十四年（1898）山東巡撫張汝梅奉併書局與通志爲一局〔註103〕。

（二）皇華書局

　　創設於濟南之皇華書局，據淨雨《清代印刷史小記》載，該局屬於官書局〔註104〕，但不知是否即爲山東書局。

十五、河南省

河南官書局

　　河南書局，據《台灣公藏普通本線裝書目》載，其刊本有《三怡堂叢書十六種》、《汴京遺蹟志》、及《如夢錄》等。

十六、山西省

濬文書局（又稱山西官書局）

　　曾國荃任山西巡撫時，以晉省位於山陬，經史子集十購九缺，坊肆刻本訛誤過多，使有志讀書者因難於購覓載籍，以致誦習久廢，乃於光緒五年（1879）三

〔註101〕文史資料研究委員會編，《馳名京華的老字號》（北京：新華書局，1986 年），頁 295 〜296。

〔註102〕同註 66，卷九，頁 5〜6。

〔註103〕《諭摺彙存》（台北：擷華書局，民國 56 年），頁 6912〜6913，光緒戊戌年八月初八。

〔註104〕同註 24。

月在太原省城設書局，刻印《六經》、《四書》、小學等書〔註105〕。又晉省所設各局共分四項，有吏治、軍務、文教及善後等局，濬文書局及通志局，均屬文教局項下，光緒六年（1880）三月遵旨裁併，書局乃併入通志局中〔註106〕。至民國二十三年，山西書局仍刻印書籍，據史語所收藏之〈西漢書姓名韻序〉中所載：「民國二十三年，余主省政整理山西書局，以趙君法眞董其事，徵文考獻於先賢，遺著蒐輯綦勤〔註107〕。」時徐永昌主山西省政，而山西書局以趙法眞董理局事，且積極蒐輯遺著刊印，此書即爲趙氏董理山西書局時所刻印者。

十七、陝西省

（一）陝西書局（西安）

同治十年（1871）四月，左宗棠時任陝甘總督，據羅正鈞編《左文襄公（宗棠）年譜》載：「是月設書局西安，刊刻經籍〔註108〕。」可確知左氏曾於西安設書局。並曾影刊鮑刻六經，用以頒行各府、廳、州、縣書院利用〔註109〕。惟今日未見其所刻印之書。

（二）陝西書局（涇陽縣）

光緒十七年（1891）九月，據《大清德宗光緒皇帝實錄》卷三百一之記載云「陝西學政柯逢時奏捐廉籌款，刊刻書籍，請飭下撫臣，極力維持，以裨學校〔註110〕。」另據《光緒東華錄》載，光緒十七年（1891）十一月陝西巡撫鹿傳霖奏云：「陝西學政臣柯逢時，仿照東南各省，於涇陽縣設立書局，校刊經史等書〔註111〕。」亦確知柯逢時曾於涇陽縣設局刻印經史等書，然今日亦未見該局之刊本。

（三）味經官書局

味經官書局，據《諭摺彙存》光緒二十九年（1903）六月二十三日沈衛之摺云：「前擬在味經官書局酌提成本，購買鉛板活字，排印新書〔註112〕。」其設局約在光緒二十六年（1900），然按其所擬刻印之書，其性質已與同、光間早期所設

〔註105〕同註12，頁1271～1222。
〔註106〕王安定，《曾忠襄公（國荃）年譜》，《近代中國史料叢刊》，年譜傳記類（台北：文海出版社，民國61年），卷三，頁128。
〔註107〕傅山，《西漢書姓名韻》不分卷（山西書局仿宋字排印，民國25年本），序之頁1。
〔註108〕同註3，卷六，頁462。
〔註109〕同註69，咨札，頁3879。
〔註110〕同註44，卷三〇一，頁2737。
〔註111〕同註14。
〔註112〕同註103，頁5475～5476，光緒二十九年六月二十三日。

之書局不同，應爲新設之官書局，雖曾刊書，但今未能得見該局之刊本。

十八、甘肅省

（一）甘肅書局

左宗棠任陝甘總督時，於同治十二年（1873）十二月十八日奏云〈請分甘肅鄉闈并分設學政摺〉載：「不得已設局鄂省，影刊《四書》、《五經》、小學善本，分布各府廳州縣〔註113〕。」（參閱湖北書局條下）左氏在甘省曾影刊《四書》、《五經》、小學諸書，分別頒發各府、州、縣。

（二）蘭州官印書局

蘭州官印書局，據《台灣公藏普通本線裝書目》著錄，光緒二十九年（1903）該局曾出版排印本之《勞薪錄》，疑爲新設之官書局。

十九、吉林省

吉林官書局

吉林官書局之刻書，據《台灣公藏普通本線裝書目》著錄，有宣統二年（1910）該局鉛印本之《吉林農安戊已政治報告書》，可能爲新設之官書局。

二十、新疆書局

新疆官書局

據《台灣公藏普通本線裝書目》著錄，有《新疆省山脈總圖十五葉》，爲新疆官書局之鉛印本，惟其沿革無資料考證，疑爲新設之官書局。

〔註113〕同註68。

附表二：各省官書局之成立時間，及創局者之姓名與職官

（以各省官書局成立先後為序）

書局名稱	成立時間	創局者	職　官
金陵書局（即江南書局）	同治二年（1863）	曾國藩	兩江總督
浙江書局	同治三年（1864）	左宗棠	浙江巡撫
	同治六年（1867）	馬新貽	浙江巡撫
正誼書局	同治五年（1866）	左宗棠	閩浙總督
崇文書局（即湖北書局）	同治六年（1867）	李瀚章	湖廣總督
		曾國荃	湖北巡撫
江蘇書局（即蘇州書局）	同治七年（1868）	丁日昌 江蘇巡撫	
廣東書局（即粵東書局）	同治七年（1868）	方濬頤 兩廣鹽運使	
淮南書局（即揚州書局）	同治八年（1869）	方濬頤 兩廣鹽運使	
成都書局	同治十年（1871）	吳棠	四川總督兼成都將軍
陝西書局（西安）	同治十年（1871）	左宗棠 陝甘總督	
山東書局	同治十一年（1872）	丁寶楨	山東巡撫
傳忠書局	同治十一年（1872）	曾紀澤	
甘肅書局	同治十二年（1873）	左宗棠	陝甘總督
山西書局（即濬文書局）	光緒五年（1879）	曾國荃	山西巡撫
廣雅書局	光緒十二年（1886）	張之洞	兩廣總督
桂垣書局	光緒十五年（1889）	馬丕瑤	廣西巡撫
思賢書局	光緒十六年（1890）	王先謙	
陝西書局（涇陽縣）	光緒十七年（1891）	柯逢時	陝西學政
江楚書局	光緒廿七年（1901）	劉坤一	兩江總督
		張之洞	湘廣總督

附圖　清代各省官書局分布圖（●表示書局）

第三章　各省官書局之經營

同治初年，內亂平定後，百廢俱興，地方各項事業亟待整頓，其中對文化事業的推展，便是各省官書局成立的原因。各書局的設立者，努力經營，達成刻印圖書的目的。書局的經營，需籌有經常的經費，以為書局中各種開支，聘用各種專門的工作人員從事其間，以及釐定書局行事的章程等工作相互配合，書局方能正常運轉。本章乃綜合各省官書局經營的狀況，整理歸納，以了解當時各省官書局發展的趨勢及過程，首先探究各省官書局經費的來源，章程的釐定及人員的任用，並試為分析各省官書局之刻書。至於五局合刻《二十四史》，由於以五局之力合刻《二十四史》鉅著，誠為當時各省書局經營的最高目標，或限於種種因素，未再合作續刻它種鉅著，甚為可惜，故別立一節以論述五局合刻書籍的經過。

第一節　局用經費的來源

歷代刻書事業的興盛與否，大抵與社會經濟之發展有直接的關係。簡言之，即經費之贏絀，必然影響到刻印書籍的數量及品質。同、光年間，各省官書局刊印圖書，除局內各工作及校勘人員之俸餉外，工匠之工資、以及板、紙、墨等價格，無一不需銷耗大筆經費，而其經費的來源，與內府所刻圖書，全由國庫支付者迥然不同，但既為地方政府所設，其開銷自由公款支付。

咸、同時期內亂頻仍，粵匪、捻匪、回民之亂相繼迭起，當時為敉平各地動亂，政府各種軍需費用日益增加，經費異常拮据，而在平定內亂的大前提下，各省督、撫獲中央授權，原由中央掌握之兵權及財權，逐漸轉移至各省督、撫手中。迨內亂平定後，民生凋敝、百廢待興，疆臣大吏極力整頓，相繼設立書局刻印圖書，以推動文化事業，但足以動用的經費，亦屬有限。鮑源深於〈請購刊經史疏〉

即曾云及：

> 敬請敕下各督、撫轉飭所屬府州縣，將舊存學中書籍設法購補，俾
> 士子咸知講習，并籌措經費，擇書之尤要者循例重加刊刻，以廣流傳。……
> 或疑現在各省經費支絀，籌餉艱難，似購書、刊書無暇遽及。夫勘亂則
> 整武爲先，興學則修文宜亟。況購書、刊書經費，每年不過籌餉中百之
> 二三，籌捐尚易〔註1〕。

當時各省經費支絀，似無暇顧及購、刊圖書，鮑氏便以購書、刊書的費用，僅不
過籌餉中的小部份，乃建議以籌捐的方式籌措經費，以應所需。

刊書經費既建議由各省自行籌措，各省督、撫也就各顯神通，各自籌募款項，
以供設書局刻印圖書之用。當時籌措經費的方法，以捐輸及釐金爲主，這也是咸、
同時期財政上的二大支柱〔註2〕。

一、捐　輸

以「捐輸」籌募款項，爲清代賴以彌補財政不足的重要方法。捐輸的種類很
多，有由政府頒行條規的常例捐輸「捐貢、監、封典、榮銜等」及暫行事例（捐
實官），有政府示意或鹽商自動出資報捐，也有外省官員的捐廉報效；至於一省之
內，亦有因某處虧空錢糧而舉辦各官員攤捐，富豪的自動捐獻，或向人民募捐等
例〔註3〕。

各省書局刊書之經費，創局者於籌措款項之際，或鑒於經費難籌，或爲起領
導作用，多率先自己捐款或捐其養廉之銀，以助刻書之經費，表示官員支持及提
倡之至意。四川總督兼署成都將軍吳棠〈設局刊刻書籍由〉中曾云：

> 先行捐廉設局，敬謹重刊欽定《朱子全書》，……臣復率屬捐籌款
> 項〔註4〕。

吳棠率先捐出養廉之銀以設立書局，重刊欽定《朱子全書》，其後又率所屬以捐輸
方式籌得款項，以爲續刻他書之資。

左宗棠於陝西設書局，據羅正鈞編《左文襄公（宗棠）年譜》同治十年（1871）

〔註1〕陳弢，《同治中興京外奏議約編》，《近代中國史料叢刊》，第一二八冊（台北：文海
　　　出版社，民國67年），卷五，頁374～376，〈請購刊經史疏〉。
〔註2〕何烈，《清咸、同時期的財政》（台北：國立編譯館中華叢書編審委員會，民國70
　　　年），頁231～254。
〔註3〕同註2，頁120。
〔註4〕軍機處摺件，一〇八三七七號，吳棠，〈設局刊刻書籍由〉，同治十年七月五日。

四月條即載：

> 是月設書局西安，刊刻經籍。批札，是年札鄂陝糧台云：……其刊
> 印經費，均由陝西藩司於本大臣養廉項下撥付〔註5〕。

據左氏〈札陝鄂糧臺翻刻六經〉中所載：

> 其刻匠梓工飯食，由該道酌定，凡刊印經費，均由陝西藩司於本爵
> 大臣督部堂養廉項下，隨時撥交駐陝軍需局支付〔註6〕。

左氏於陝西設書局刊刻書籍之經費，均由陝西軍需局在他的養廉項下支付。

其後，光緒年間陝西學政柯逢時，亦曾於陝西設書局刻書，據《德宗景皇帝實錄》卷三百一所載：

> 陝西學政柯逢時奏，捐廉籌款，刊刻書籍，請飭下撫臣，極力維持，
> 以裨學校〔註7〕。

又見《光緒朝東華錄》光緒十七年（1891）十一月亦載：

> 鹿傳霖奏，陝西學政臣柯逢時，……設立書局，校刊經史等書，
> 經費難籌，而吳周氏於捐建學官之後，復首先報捐銀五千兩，其事遂
> 集〔註8〕。

惟書局刊書經費，難於籌得，後由於陝西之富紳吳周氏，自動報捐五千兩，遂解決書局刻書經費的問題。

張之洞於湖廣總督任內曾被參恣意揮霍，虧耗帑項甚鉅，兩廣總督李瀚章負責調查，查明後之覆奏，其中對書院、書局經費之來源云：

> 所建書院、書局，或自捐資，或用罰款，爲數不少，並未動用正項，
> 人所共知〔註9〕。

廣雅書局之經費，有自行捐獻之款及罰款等，並未動用正項款額。又於張之洞所奏〈開設書局刊布經籍摺中〉，敘述的更爲詳盡，據云：

> 上年即經臣之洞捐貲設局舉辦，……名曰廣雅書局，臣之洞捐銀一

〔註5〕羅正鈞，《左文襄公（宗棠）年譜》，《近代中國史料叢刊》，年譜傳記類第三十七冊（台北：文海出版社，民國61年），卷六，頁462。

〔註6〕楊書霖，《左文襄公（宗棠）全集》（台北：文海出版社，民國68年），咨札，頁462。

〔註7〕《大清德宗光緒皇帝實錄》，卷三〇一，頁2737，光緒十七年辛卯九月，鹿傳霖奏。

〔註8〕王先謙、朱壽朋等纂修，《光緒朝東華錄》（台北：大東書局，民國57年），頁3014，光緒十七年十一月。

〔註9〕胡鈞，《張文襄公（之洞）年譜》，《近代中國史料叢刊》，分類選集（台北：文海出版社，民國61年），卷三，頁121。

萬兩，臣大澂捐銀三千兩，順德縣青雲文社捐銀一萬兩，仁錫堂西商捐
銀一萬兩，省城惠濟倉紳士捐銀五千兩，潮州府朱丙壽捐銀五千兩，共
銀四萬三千兩，發商生息，每年得息銀二千三百六十五兩，又誠信堂、
敬忠堂商人，每年捐銀五千兩，共七千三百六十五兩，以充書局常年經
費，計款項尚不甚充，如以後別有籌捐之款，再當湊撥應用〔註10〕。

廣雅書局之經費，又據胡鈞編《張文襄公年譜》亦載：

集資四萬三千兩發商生息，又商捐每年五千兩，合之息款，凡七千
三百九十五兩，以充常年經費〔註11〕。

由此可知廣雅書局以捐輸方式籌款的來源甚多，除張之洞自己捐款外，尚有多位
商家捐款資助，並將集得款項發交商人孳生利息，一併為刻印書籍之款項，至於
刻書經費中之罰款，張之洞於〈致海署天津李中堂〉電牘中云：

洞在粵籌有專款，內分兩宗，一係文武官紳捐，一係鹽埠商捐，……
專充購槍礮機及造廠費，……官捐者，係武營罰款捐出四成為報效，每
年除短交外，均收將及二十萬兩；鹽捐者，係倉鹽盈餘化私為官，每年
除他項用款外，約餘銀五萬兩，……暨提充書院工程，書局經費外，……
此項固非正款，亦非雜款，並非粵省向有之閒款〔註12〕。

張氏於廣東所籌措之專款中，一為文武官紳捐款，即為武營之罰款捐出四成；一
為鹽埠之商捐，均屬以捐輸方式籌得，而曾撥充書局刊書之經費。

曾國藩設金陵書局之經費，朱孔彰〈曾祠百詠注〉中云：

公捐廉俸三萬金，設書局，重刊經史，先在安慶商之九弟沅圃方伯，
刻《王船山遺書》〔註13〕。

曾氏自捐養廉俸給三萬兩，以設立書局刊印圖書之用。另曾國藩《曾文正公手寫
日記》同治五年（1866）五月初三日載：「同治二年（1863），沅甫弟捐資全數刊
刻，開局於安慶〔註14〕。」又趙烈文《能靜居日記》同治二年（1863）六月初七
日載：

中丞來譚良久，允出資金刻《王船山遺書》。寫歐陽曉岑信告知中

〔註10〕張之洞，《張文襄公全集》（台北：文海出版社，民國 59 年），卷二三，奏議二三，
頁 1837～1839。

〔註11〕同註 9，卷二，頁 89。

〔註12〕同註 10，電牘十三，頁 9671。

〔註13〕柳詒徵，〈國學書局本末〉，《江蘇省立國學圖書館第三年刊》（民國 19 年），頁 2。

〔註14〕曾國藩，《曾文正公手寫日記》，《中國史學叢書》（台北：台灣學生書局，民國 54 年），
頁 2247。

丞刊書之說，緣此事須費四千金，曉岑屬等聳恿中丞爲之倡。乃中丞不
獨力舉辦，並允許多出千金爲加工精刻之費，其好學樂善如此〔註15〕。
至於刻印《王船山遺書》時，曾國荃亦先後捐款共計五千金，以爲刻書時之費用。
　　曾國荃在光緒年間任山西巡撫時，設立濬文書局，經費所需龐大，所奏〈設
立書局疏〉云：

　　　　在於太原府城內，設立濬文書局，……第此項經費所需亦鉅，理宜
　　在晉省殷實之家勸捐籌辦，惟地方屢次輸將，民力亦甚拮据，勢難普行
　　捐辦。臣檄飭司道於開局後，遴委公正廉明之員，擇地方饒富較多之
　　戶，……尚可啟齒，誠能苦口勸導，諭知富紳量力依助，亦可集腋成裘，
　　晉省富紳夙明大義，諒心敬恭桑梓，踴躍樂輸〔註16〕。

又曾國荃〈復閻丹初〉書札亦云：

　　　　設立書局，……弟擬以麥後，派員出省勸捐，約以數萬爲率，不卜
　　晉省紳富，果能如此踴躍否〔註17〕？

濬文書局刊書經費之籌措，曾氏擬採取向殷實富紳之家，於小麥收成後，以勸捐
的方式辦理。惟由於當時地方賑事頻繁，屢次捐輸，又加上近來年逢乾旱，麥收
欠豐，民力至爲窘迫。據《德宗景皇帝實錄》卷九十四所載御史梁俊奏云：

　　　　晉省麥收歉薄，請移款採買，以備散放一摺。據稱晉省頻年亢旱，
　　現在得雨仍未深透，二麥歉收，請將該省書局捐項，派員分赴陝西、河
　　南採買麥石，以備秋後散放籽種等語〔註18〕。

梁俊以麥歉收，擬請將書局籌得所需用之捐款，轉買麥石，予百姓播種之用，以
供來年民食。曾國荃於是覆奏，以教養二者，不應偏廢，曾氏所奏之〈請仍設書
局另買麥種疏〉云：

　　　　設立書局，自去秋至今，賑事方殷，曾無涓滴之款可以挹注興辦，
　　旋因賑務稍鬆，五月初九幸得大雨，民間略有生機，十二日始行派員前
　　赴太谷、平遙、介休、榆次、祁縣、臨晉等處，向眞正殷實之家，勸其
　　捐助刻資，擬湊十數萬金，先行刻印群書。……書局經營方始，紳富捐

〔註15〕趙烈文，《能靜居日記》，《中國史學叢書》（台北：台灣學生書局，民國53年），同
　　　　治二年六月初七日。
〔註16〕蕭榮爵，《曾忠襄公（國荃）奏議》，《近代中國史料叢刊》（台北：文海出版社，民
　　　　國67年），卷十三，頁1220～1221，〈設立書局疏〉。
〔註17〕蕭榮爵，《曾忠襄公（國荃）書札》，《近代中國史料叢刊》（台北：文海出版社，民
　　　　國67年），卷十三，頁1387～1388。
〔註18〕同註7，卷九四，頁860，光緒五年五月，梁俊奏。

助多寡猶不可必，未能遂指採買麥種之確款耳。……臣愚以爲秋間麥種
固宜另籌，此後書局仍宜照辦，庶於熙朝教養兼施之治，兩不相妨〔註19〕。

曾氏以山西地方因他項賑捐，本已窮困，又逢乾旱之年，收成歉佳，雖然幸得大
雨，僅使民間略有生機。然而此時之書局，尚屬開始經營階段，實亦不宜將經費
轉移採買麥種，至於麥種應可另行籌款購買。可見當時勸捐籌措書局經費之艱巨。

　　上述各書局刊書經費的來源，有官員自捐（捐貲金或養廉銀）、商捐、及勸捐
等，均屬於由捐輸的方式自行籌措款項，以供書局開支。

二、釐　金

　　釐金之制〔註20〕，起於副都御史雷以誠幫辦揚州軍務時，立釐捐局抽收百貨，
以佐軍餉，各省紛紛仿辦，為專取於商而不取於農的一種新稅法〔註21〕。

　　左宗棠任閩浙總督時，閩省設書局之經費，據《大清穆宗毅皇帝實錄》卷二
百五載：

　　　　所指以釐金充修脯一節，閩省鼇峰書院舊藏正誼堂板無存，左宗棠
　　設局重刊〔註22〕。

左氏以釐金爲書局中人員之薪資。另吳棠〈閩省建設書院疏〉亦云：

　　　　前督臣左宗棠重刊先哲遺書，開設正誼書局，錄選舉貢百餘人，月
　　給膏火，分班校拔，……以書局工程蕆，請設立舉貢書院，……呈經前
　　兼署臣英桂批司議定章程，在於釐金項下籌撥銀五萬兩，發交殷實富商，
　　每月完息一分一釐以資經費，將正誼書局改爲正誼書院〔註23〕。

左氏以釐金作爲局中人員之薪資，另撥出一筆款項交給殷實商人生利息，將每月
所得利息，以爲經營書局之費用。

　　浙江巡撫馬新貽於同治六年（1867）奏〈設局刊書疏〉中，對浙江書局刻書
之經費來源，曾云：

　　　　四月二十六日開局，……　並先恭刊欽定《七經》、《御批通鑑》、《御
　　選古文淵鑑》等書昭示圭臬，其餘有關經濟講誦所必需者，隨時訪取善

〔註19〕同註16，卷十四，頁 1391～1396。
〔註20〕徐珂，《清稗類鈔》（台北：台灣商務印書館，民國 55 年），台一版。
〔註21〕同註2，頁 235～244。
〔註22〕《大清穆宗毅皇帝實錄》，卷二〇五，頁 4672，同治六年六月。
〔註23〕同註1，卷五，頁 413～416，〈閩省建設書院疏〉。

本陸續發刊，一切經費在牙釐項下，酌量撙節提用〔註24〕。

馬新貽在浙江設局刻書之經費，在牙釐項下提款應用。

再如江蘇省額賦較爲繁重，據光緒二十一年（1895）十二月《光緒朝東華錄》載，江蘇巡撫趙舒翹於考核錢糧、整頓釐金及裁減局員薪資之覆奏云：

> 善後局開支經費，同治十二年奏准酌提釐金一成，光緒十年改支八
> 分，十三年後奉部奏定改提五分，如省城保甲、發審、官書、洋務各局
> 用款，均歸善後局於酌提釐金五分內支放〔註25〕。

上述可知江蘇官書局之用款，是由善後局於釐金項下所支付。

三、外銷之款

咸、同間，各省督、撫所自行籌措之款項，可任意支銷，且可不需將支銷實情呈報戶部，即不受戶部之干涉，這些款項均可歸爲「外銷之款」〔註26〕。惟所籌外銷款項之來源，亦多取自捐輸或釐金項目之下。當時各省官書局之經費，亦有來自外銷之款項，指不在經常支出項目的閒款。

自江南興辦金陵書局，經費的來源多出於閒款，據柳詒徵〈國學書局本末〉載：

> 咸、同間，督、撫兼治兵、理財之權，外銷之款至夥。自江南興辦
> 書局，各省踵之，其經費皆出于閒款，不在經常出納之列〔註27〕。

當時各省督、撫掌握外銷款項甚多，書局之經費便由籌得且不在經常支出範圍的閒款內開銷。又金陵書局與湖北、浙江、江蘇、淮南等書局合刻《二十四史》時，曾國藩對金陵書局經費的籌措，曾氏〈復馬穀山制軍〉之書札載：

> 湖北書局，擬與蘇、浙、金陵各書局合刊《廿四史》，誠屬善舉，
> 惟金陵一局，並未籌定有著之公款，……應請閣下籌一閒款，源源撥濟
> 其薪水用款〔註28〕。

曾氏以金陵書局於合刻《二十四史》時，所需開銷之薪水等用款，尚未籌定款項，便請馬新貽協助籌措一筆閒款，使能長期撥濟該局之開支。

湖北書局之刻書經費，據李鴻章奏〈設局刊書摺〉中云：

〔註24〕同註1，卷五，頁370，〈設局刊書疏〉。
〔註25〕同註8，頁3697～3698，光緒二十一年十二月。
〔註26〕同註2，頁397～421。
〔註27〕同註13，頁5～6。
〔註28〕曾國藩，《曾文正公全集》（台北：文海出版社，民國63年），書札，卷三二，頁15895。

此次設局刊書，祇可先其所急，……一切經費，酌提本省閒款動用，勿使稍有糜費〔註29〕。

李氏便是酌量動用湖北省之閒款。又張之洞於光緒十七年（1891）十月十五日〈札北善後局籌撥刻書銀兩〉公牘中載：

即將已刊各書板片，並采獲未刊各書元本，均存留湖北書局，俟陸續彙刻完備，即名曰《江漢叢書》。……所有此項刻書板價工資，現經核計共銀四千餘兩，自應由善後局籌發，除咨行外，合亟札飭該局即便遵照，在於外籌閒款內，籌撥銀四千餘兩，解還學院、衙門查收，以清款目〔註30〕。

張氏於湖北書局刻印《江漢叢書》時，刻書所用的板價及工資，便由善後局於外籌之閒款內所支付。

另湖南傳忠書局於刊印《曾文正公全集》時，書局所需之經費及人員薪資，亦大部份由江南軍需局閒款項下撥付〔註31〕。

四、鹽稅、關稅、羨金

各省疆臣大吏自行籌措書局刊書經費，大多依賴捐輸及釐金為主，然亦有動用鹽、關等稅款者。同治十年（1871）曾國藩曾建議兩廣總督瑞麟設書局刊印圖書，曾氏〈致瑞澄泉中堂〉云：

現聞粵東鹽務尚有可籌之項，若於省垣設一書局，首刻《十三經注疏》，次及諸書，似於振興文教之事，大有裨益〔註32〕。

曾氏提議設書局刻書的經費，可於粵東鹽務項下，似有可籌之款項，然此時已設有廣東書局，且書局的經費來源，據于今〈廣東書局等所刻書〉所載：

廣東書局，……這是 1868 年（同治七年）兩廣鹽運使方濬頤（字子箴），在鹽運項下撥出一筆銀兩開辦。……1870 年（同治九年）鹽運使鍾謙鈞撥出款二萬二千兩做刻書之用〔註33〕。

兩廣鹽運使方濬頤及鍾謙鈞均曾撥出鹽款，以為刻印書籍之經費。

〔註29〕李鴻章，《李文忠公全集》（台北：文海出版社，民國57年），奏稿十五，頁523。

〔註30〕同註10，卷九八，公牘十三，頁6968。

〔註31〕曾昭六，〈曾文正公全集編刊考略〉，《曾文正公全集》（台北：文海出版社，民國63年），頁21114～21115。

〔註32〕王定安，《曾文正公全集》（未刊信稿）（台北：文海出版社，民國63年），頁21028。

〔註33〕于今，〈廣東書局等所刻書〉，《藝林叢錄》，第三編（台北：谷風出版社，1986），頁106～107。

又思賢書局，即係光緒十六年（1890）王先謙以鹽務公所歲終積聚六百金，
而於思賢講舍設思賢書局以爲刻書之經費〔註34〕。

張之洞於廣雅書局之刻書經費，除前述取自捐輸外，亦曾提用海關之經費。
據張之洞〈札運司開設書局〉公牘云：

> 查本衙門，向有海關經費一項，本部堂到任以來，一概發交善後
> 局，專款存儲，留充公用，今即將此款提充書局經費，專刊經史有用
> 之書〔註35〕。

又胡鈞編《張文襄公（之洞）年譜》亦載：

> 臨去粵時，存現款正項銀二百萬兩，書院、書局雜項銀五十餘萬兩，
> 面交後任李筱泉督部，……前所謂書院書局雜款者，即粵海關每月例進
> 之公費，公不以入私，而發善後局存儲備用者也〔註36〕。

張氏於刻印書籍時，所提充書局之經費，即由粵海關每月例進之公費，而發交善
後局存儲備用者。

左宗棠督師平定浙江，曾以羨金爲刻書之經費。據陳其元《庸閒齋筆記》載：

> 爵帥於賑濟之外，發銀萬兩，購買茶筍，俾百姓得採擷於深山窮谷
> 以爲資，茶筍製成，札發寧波變價，往返二次，歸正款外，得羨金數千
> 兩，爵相以亂後書籍板本，多無存者，飭以此羨餘刊刻《四書》、《五經》
> 〔註37〕。

左氏以兵燹後，田園荒蕪，百姓無所得食，除賑撫收養難民外，以銀萬兩爲資金，
購買茶與筍，百姓得採擷於深山窮谷以爲資本，往返變價，除歸還正款外，尚得
羨餘千兩，便以此款爲刊刻書籍之資金。

五、正款補助

刻書經費，除上述各種不同的籌措方法外，亦有由正款補助者。據馮煦〈上
曾威毅書〉云：

> 再江南書局創自執事，所以養眞材而敦實學也。文正公後，經費日

〔註34〕彭㻋，〈思賢講舍長沙府學宮之設局刻書〉，《湖南文史資料選輯》，第一號（長沙：
　　　　該選輯編委會，1981）。
〔註35〕同註 10，卷九三，公牘八，頁 6471～6472。
〔註36〕同註 9，頁 105。
〔註37〕陳其元，《庸閒齋筆記》，《筆記小說大觀》，正編第四冊（台北：新興書局，民國六
　　　　二年），卷三，頁 7。

絀，……應刻書籍亦苦無資。去年，雖由提調范道稟，由藩庫每年籌撥
一千五百金〔註38〕。

自曾國藩離去後，江南書局經費日漸支絀，無款刻印書籍，後由提調范志希稟請，
自藩庫籌撥一千五百金支助書局之開銷經費。

又據柳詒徵〈國學書籍本末〉中，光緒二十九年（1903）〈寧藩李移文〉載：

江南官書局向每年在藩庫領銀三千兩，在支應局每年領銀四千兩，
以爲常年經費〔註39〕。

可知江南官書局之常年經費，清末轉由藩庫及支應局撥款，以補助書局刊書之經
費。

六、自給自足

經費籌措不易，書局亦有以賣書之贏餘周轉，以添補書局續刻他書之資金。
曾國藩〈致周縵雲〉書札云：

至賣價，不妨略昂，取其贏餘，以爲續刻它書之資，請酌擬一價，
僕再核定張貼局門，使人共知〔註40〕。

曾氏於金陵書局刊印《前、後漢書》時，擬定賣書價格，並以售書之贏餘，爲續
刻它書之經費。又柳詒徵〈國學書局本末〉中錄〈寧藩李移文〉所載：

嗣于光緒二十四年七月間，奉前督憲劉札飭一律停止，年來局中支
用薪水，及購紙、印書等項，全恃從前流存書價，隨售隨印，輪流周轉，
酌量應用，並無的實入款及一定開支〔註41〕。

江南書局於藩庫補助之經費停止後，書局中支付之薪水、購紙、印書等項用款，
便全由售書所得，周轉應用。

上述各省官書局經費的來源，由各省地方官吏自行捐輸、釐金、外銷之款中
的閒款、稅金、正款補助，及自給自足等方式籌措，不一而足。然在咸、同之際，
正逢內亂外患交加下，政府中外用項甚鉅，財政至爲窘迫，籌款頗爲不易，但當
時各省督、撫掌握地方財政，有權支配經費的開支，由於對刻書事業的支持，各
省設書局刊印圖書之經費，大致尚可籌得款項以供其開銷。

〔註38〕馮煦，《蒿盦類稿續稿奏稿》，《近代中國史料叢刊》，第三三輯（台北：文海出版社，
民國 58 年），頁 714～715，〈上曾威毅書〉。

〔註39〕同註 13，頁 9。

〔註40〕同註 28，卷二六，頁 15338～15339。

〔註41〕同註 13。

第二節　各省官書局之組織

一、書局之章程

官書局，係由各地方之疆臣大吏鼎力提倡及支持而成立者，在極爲艱難的情況下，各自設法籌措款項，以供書局各項用度。書局之設以刻印圖書爲主，爲達此目標，創局者於設立書局之始，即多聘請有關之專才，詳商並研定書局之各種章程，以作爲書局中工作進行之依據及準則。

金陵書局於設局之初，曾國藩便先擬定「刊書章程」乙份。按黎庶昌編《曾文正公（國藩）年譜》同治三年（1864）四月初三日條載有：「立書局，定刊書章程」〔註42〕，另據曾國藩《曾文正公手寫日記》同治三年（1864）三月初八日、四月初一日之附記，均提及「書局章程」，又四月初三日之記載爲：「將書局章程核畢」〔註43〕曾氏日記所載核畢「書局章程」，雖與黎氏所記之「刊書章程」名稱不同，然實爲一也。此後，曾氏又定有「書局章程」八條，可見同治三年（1864）四月初三日所擬定者，應確定爲「刊書章程」。至於「刊書章程」之內容，僅見於《第一次中國教育年鑑》國學書局概況項次中，統計江南書局版片數目之後的說明有：「查書局刻書章程，版片雙面完全，則刻雙面，有一面微損者，只刻單面〔註44〕。」不知此刻書章程，是否即爲刊書章程，對於書局中刻書版片之使用，有明確的規定。又金陵書局所擬定的「書局章程」八條，見黎庶昌編《曾文正公（國藩）年譜》同治七年（1868）正月二十一日條載：「定書局章程八條，又訓手民四條。」〔註45〕，且曾國藩《曾文正公手寫日記》於同治六年（1867）四月初九日之記載：「擬定書局章程。」及同治七年（1868）正月廿一日亦載有：「核定刻字法式四條，書局章程八條，約改二百餘字〔註46〕。」確知曾氏除核定「書局章程」八條外，還定有「訓手民」四條，訓手民即爲「刻字法式」。曾氏所定之「刊書章程」或「書局章程」今皆未見其全文，惟《曾文正公全集》所收錄同治五年（1866，歲次丙寅）十二月初五日訖同治七年（1868）、（歲次戊辰）十一月十五日間之書

〔註42〕黎庶昌，《曾文正公（國藩）年譜》，《近代中國史料叢刊》，分類選集（台北：文海出版社，民國61年），卷九，頁204～205。

〔註43〕同註14，卷十四，頁1765～1786。

〔註44〕教育部，《第一次中國教育年鑑》（台北：傳記文學雜誌社，民國60年），丙編教育概況，第二社會教育概況，頁1195。

〔註45〕同註42，卷十一，頁252。

〔註46〕同註14，頁2445，頁2616。

札中，金陵書局刻《前、後漢書》，曾氏與周縵雲論及刻板之精者，疑即曾氏所定之「刻字法式」四條，茲錄曾氏〈致周縵雲〉之書札如下：

> 嘗論刻板之精者，須兼方、粗、清、勻四字之長。方，以結體方整言，而好手寫之，則筆畫多有棱角，是不僅在體，而並在畫中見之；粗，則耐於多刷，最忌一橫之中太小，一撇之尾太尖等弊；清，則此字不與彼字相混，字邊不與直線相拂；勻者，字之大小勻，畫之粗細勻，布白之疏密勻。既係長遠之局，須請局中諸友，常常執此四端與工匠講求，殷勤訓獎、嚴切董戒，甚至朴責議罰，俱不可少，自然漸有長進。……工匠之殿最賞罰，亦請酌議條規，即度板、開刷等事，均立章程，以便遵守〔註47〕。

曾氏以刻板之精者，應顧及方、粗、清、勻等四項特長，並請局中之人員，經常要求工匠遵此標準，而為有效提升工匠業績，並請酌商議定賞罰之條規。此外，對於度板、開刷等事宜，均列於章程中。由此可略知擬定書局各項章程之內容，頗為周密完備。

光緒五年（1879）山西巡撫曾國荃，亦多次與閻敬銘往返函商，認為刻印書籍及重修志書，乃為刻不容緩之事，曾氏於〈設立書局疏〉中云：

> 臣遂率同署藩司江人鏡、臬司薛允升、冀寧道王溥酌定章程，在於太原府城內，設立濬文書局〔註48〕。

曾國荃署中人員江人鏡、薛允升、王溥等，共同酌定「書局章程」，並在太原府城內設立濬文書局。對書局章程包含的項目，曾國荃〈復葆芝帥〉書札云：

> 晉中庫儲支絀，經閣下飭令峰方伯鼎承廉訪，悉心斟酌明定局章，於節費之中，仍杜偏枯之弊，公平精細，欽佩莫名。……是以南省設立此局，其在事諸人，無論官紳以及幕遊之士，但能曉通其事者，均可入局襄理，不拘於章程〔註49〕。

曾氏極為欽佩方鼎丞，在他所釐定的書局章程之中，有關經費的使用，雖可知為節省經費，然而並無偏枯之弊；至於從事書局工作的各項人員，只要有才能者，亦不必局限於章程所定，皆可聘入書局工作。又曾國荃〈致閻丹初〉之書札，亦提及擬定「書局章程」之條款云：

> 書局定章，如有善本發刻，核對既定，將來即以初榻數部奉酬，仍

〔註47〕同註40。
〔註48〕同註16，頁1217～1221。
〔註49〕同註17，卷十六，頁1720。

　　　　以原書奉繳，定議〔註50〕。

瀋文書局所擬定之「書局章程」中，規定若有以借刊之善本發雕，理應以初印之數部做爲奉酬，並將原書奉還，甚似今日書局借印圖書，必得向借藏單位，交送版權書籍。

　　張之洞擬設廣雅書局時，於光緒十二年（1886）曾函請蔣署運司，迅速妥爲辦理擬定「書局章程」事宜，張氏〈札運司開設書局〉中云：

　　　　擇日開局，並將詳細章程議擬詳定，略仿鍾前運司刊刻各書辦法，

　　參酌盡善，總期事事核實，屏除浮冗，是爲至要。爲此札仰設署司，即

　　便遵照，妥速舉辦〔註51〕。

張氏以開設書局刻印圖書，期望事事核實，摒除浮冗爲最重要。所以希望議定詳細且盡善之章程，並可略爲參酌並仿照前運司鍾謙鈞設廣東書局刻印圖書的辦法。

　　浙江巡撫馬新貽於同治六年（1867）上奏開設浙江書局，亦曾議定書局章程十二條〔註52〕。惟詳細章程今未見記載。

　　前述各書局之章程，對書局各項繁瑣的工作及人員的任用，均曾擬定條規，以爲人員工作行事的準則。可惜的是今皆未見其全文，僅從有限之文獻中，略窺其一二。惟江寧之江楚編譯書局，尙得見所呈兩江總督條具之「譯書章程」及釐定「書局章程」的內容，茲略述其大要：江楚編譯書局之「譯書章程」〔註53〕所載，言及若培育人才，須憑藉教育，而整頓教育，則有賴於書籍之刊行。蓋有學堂而無教科書，則何以爲教？因此，不但需有教科書，且應劃一，而爲準繩。故江楚編譯官書之設，以延聘通儒，編譯各種教科書，作爲匡正學術而免其分歧。然開局以來，總、分纂等人員一意編纂，成書雖多，然尙不及學堂所需十分之二，似此只重編不重譯，積久便會衍生弊端。故擬以日本興學之初爲例，以官書局，不如廣譯書而兼編纂較爲妥切，而將譯出之書，隨時頒發學堂，並由教授之經驗增刪內容而再重行編定。至於書局應編之書，則亦照常編輯。如此則可輔助譯書之所不備。並請兩江總督飭令省城之學堂，將每年應用之書，開具書目送局，以便照譯，始不至有蹈譯非用之譏，俾便教科書得以統籌規劃。又江楚編譯書局之

〔註50〕同註17，卷十二，頁1255～1256。

〔註51〕同註10，卷九三，公牘八，頁6471～6472。

〔註52〕丁申，《武林藏書錄》，《書目類編》，第九一冊（台北：成文出版社，民國67年），頁40889。

〔註53〕〈江寧江楚編譯書局，條具譯書章程，並釐定局章呈江督稟〉，《東方雜誌》，第一卷第九期（光緒三十年九月），頁206～207。

「書局章程」〔註 54〕，所錄條規為，以應先鑒定各學堂所用之教科書，以正學風而免分歧；至於應譯之書，往往分別緩急先後之序，並訪購善本派人分譯；至於急需之書，可先陸續付印，不必待書全部譯成；一書譯成須經校勘、刪定、總校等程序，然後方行發刊；本局初印之書，若有增刪，由總、分纂重為編定，彙集全部之收發刊，並呈送京師大學堂鑒定；延請通譯之士擇定譯本，計字給值，然書局仍宜聘用精通東西文者各一人，專司校勘；譯書之弊，莫甚於名號不一，應請總校將人名、地名編為一表，而後按表校讎，方能劃一無誤；圖與書應相輔而行，不可偏廢；譯成之書，照程度隨時頒發各學堂，按所派之數收價，並登各報，以便外省及各府州縣民立各學堂購買。上述江楚編譯書局的「譯書章程」，主要記載編譯教科書之目的、目標、及其編譯圖書的方式等；而「書局章程」則記錄書局編譯書籍工作之原則及流程，人員之任用及編校工作，以及書籍之銷售等項目。

二、書局中之工作人員

各官書局之創局者，為各省之督、撫等地方官吏（參閱表二）。然於內亂外患之際，軍事倥偬，多無暇兼顧書局業務，往往延聘學有專長之官紳，依據書局章程，經理或提調局務，且負責各項工作人員之遴選及管理。由於在洪楊內亂之後，人喜向學，士紳皆以刻書之事相尚，各官書局一時學者雲集，其所需之各項工作人員，大抵以采訪擬刊之書籍者、總分纂、總分校、及刻工等為主，多為當時學有專長之名宿碩彥及技術專精之刻工從事其間。

各省官書局，雖由各省之地方政府設立，然書局中各項工作人員，並非全由官府人員派任。柳詒徵〈國學書局本末〉中說明，書局制度，為「紳督而官佐」〔註55〕；然錢基博於《版本通義》中，卻以書局之制度，為「官督紳佐」〔註56〕。綜合論之，局中人員除了帶有官職例兼局務外，其餘多為知名學者從事書局各項工作。茲以各局為例：

曾國藩擬刻印《王船山遺書》時，便遣莫友芝開始采訪遺書〔註57〕。其後金陵書局正式成立，曾氏延請書局中各項工作人員，據蔣啓勛、汪士鐸等纂修之《續

〔註54〕〈江寧江楚編譯書局章程〉，《東方雜誌》，第一卷第九期（光緒三十年九月），頁211〜213。

〔註55〕同註13，頁3。

〔註56〕錢基博，《版本通義》，《書目類編》，第八八冊（台北：成文出版社，民國67年），頁60。

〔註57〕況周頤，《蕙風簃二筆》（清光緒間刊本），卷一，頁1。

纂江寧府志》卷六實政之「書局」項下載：

　　　　延請紳士一人督理局事，提調道府一人佐之，並延四方績學之士分
　　　　任校勘，稽工匠之勤惰，遴良者授以事〔註58〕。

金陵書局以紳士一人督理局事，提調道府一人輔佐，並聘任積學之士從事校勘，
及遴選優良之工匠等各種專才，以分任書局中各項工作。又莫祥芝、汪士鐸等纂
修之《同治上元江寧兩志》卷十二亦載書局所延聘之人員，為：

　　　　同治四年監察史周公學璿督理局事，七年刑部主事丹徒韓公弼元繼
　　　　之；同治六年江寧知府六安涂公宗瀛提調局事，八年江蘇候補道涇縣洪
　　　　公汝奎繼之〔註59〕。

曾氏聘任周學璿（緝雲）、韓弼元督理局事，以及涂宗瀛、洪汝奎提調局事，此四
人均為帶有官職而例兼書局之事。至於局中校勘人員，見況周頤《蕙風簃二筆》
云：

　　　　既復江寧，開書局於冶城山，延博雅之儒校讎經史，政暇則肩輿經
　　　　過，談論移時而去。住冶城者：有南匯張文虎、海寧李善蘭、唐仁壽、
　　　　德清戴望，儀徵劉壽曾，寶應劉恭冕〔註60〕。

曾氏於創局之初所延請博雅之士，如張文虎、李善蘭、唐仁壽、戴望、劉恭冕等，
從事書局中之校讎工作，又見黎庶昌《曾文正公（國藩）年譜》載：

　　　　公招徠剞劂之工，在安慶設局，以次刊刻經史各種，延請績學之士，
　　　　汪士鐸、莫友芝、劉毓松、張文虎等分任校勘〔註61〕。

又曾氏除招募刻工之外，所延請者尚有汪士鐸、莫友芝、劉毓松等績學之士，入
局分任校勘。於曾氏任內，在書局中工作之人員，據薛福成《曾文正公幕府賓僚》
中之記載：

　　　　凡以宿學客戎幕，從容諷議，往來不常，或招致書局，並不責以公
　　　　事者：古文……閱覽……樸學……右二十六人，……所詣皆精，莫友芝、
　　　　兪樾、王闓運、李善蘭、方宗誠、張文虎、戴望，皆才高學博，著述斐
　　　　然可觀〔註62〕。

〔註58〕蔣啓勳等修，汪士鐸等纂，《續纂江寧府志》，《中國方志叢書》，華中地方第一號（台
　　　　北：成文出版社，民國63年），卷六實政，頁56。
〔註59〕莫祥芝等修，汪士鐸等纂，《同治上元江寧兩縣志》（清同治十三年刊本），卷十二，
　　　　頁14。
〔註60〕同註57，卷一，頁1。
〔註61〕同註42。
〔註62〕薛福成，《曾文正公幕府賓僚》，《筆記小說大觀》，十二編第一冊（台北：新興書局，

這些人在學術上，或由於家學淵源，或為名儒弟子，各人均學有專長，對校勘書籍，更積豐富的經驗，在入曾氏幕府前，都早有成就，曾氏並不任以公事，但皆聘於金陵書局中從事校勘的工作〔註63〕。光緒十年（1884）曾國荃任兩江總督，時江南書局之人員，據馮煦〈上曾威毅書〉云：

> 文正公後，經費日絀，分校友人去不復補，應刻書籍亦苦無資，去年，雖由提調范道橐，……執事下車之始，首延汪孝廉士鐸入局，耆儒碩學，來者矜式，甚盛事也。敢請飭下提調酌刻有用之書，並訪求品學兼優之士，延入局中，以襄校理〔註64〕。

曾國荃雖已任范志希為提調，汪士鐸、馮煦、成肇麐等任校勘，皆為耆儒碩學，並擬再訪求品學兼優之士，襄助校理，然此時金陵書局已不若同治時期之盛〔註65〕。

馬新貽於同治六年（1867）設浙江書局時，便遴選篤學之士，分任校勘工作，馬氏之〈設局刊書疏〉云：

> 四月二十六日開局，一面遴派篤實紳士分司校勘，並先恭刊……現仍分飭在局紳員，認真校刊〔註66〕。

馬氏飭令局中紳員，應認真校刊。其聘請至局中之工作人員，據丁申《武林藏書錄》卷上「浙江書局」條之記載：

> 同治六年，撫浙使者馬端敏公加意文學，聘薛慰農觀察時雨，孫琴西太僕衣言，……奏開書局於篁庵，並處校士於聽園，派提調以監之，選士子有文行者總而校之，集剞劂氏百十人以寫刊之〔註67〕。

可見一時名儒，如孫衣言（琴西）、薛時雨等任浙江書局之校勘，且其刻書最盛時，所募集之刻工達百餘人之多，並曾添築屋舍以供校勘之士居住，又見龔嘉儁、吳慶坻纂修之《光緒杭州府志》卷十九「書局」條之記載：

> 光緒八年度版片於祠中，提調盛康於祠側聽園，添築屋宇，以居校勘之士〔註68〕。

民國63年），頁338。
〔註63〕謝正光，〈同治年間的金陵書局〉，《大陸雜誌》，第三七卷第一、二期（民國57年），頁48。
〔註64〕同註38。
〔註65〕同註13，頁8。
〔註66〕同註1，頁369～370，〈設局刊書疏〉。
〔註67〕同註52。
〔註68〕龔嘉儁、吳慶坻，《光緒杭州府志》，《中國方志叢書》，華中地方第一九九號（台北：

其後浙江書局之版片庋藏於中正巷三忠祠內，所添築之屋舍即位於祠側之聽園，
且派提調盛康監督局事。又同治八年（1869）李瀚章任浙江巡撫時，俞樾主講詁
經精舍，亦曾受聘主持浙江書局〔註69〕。其餘所聘之讎校人員，如李蓴客、黃玄
同、譚復堂、張大昌等，亦爲當時績學之士〔註70〕。

張之洞於菊坡精舍設立廣雅書局，據徐信符〈廣東版片記略〉載廣雅書局章
制，詳定所聘用書局中之工作人員有：

> 書局章制：有提調，專司雕刻印刷諸事；有總校，提挈文字、校勘
> 事宜；其下設分校多人，每雕一書，卷末必署名，某人初校，某人覆校，
> 以專其成〔註71〕。

可知廣雅書局中聘任之人員各司其職，分別擔任書局各項工作。見胡鈞《張文襄
公（之洞）年譜》光緒十二年（1886）三月條載：

> 令門人趙荃孫在京訪求應刻之書，以南海廖澤群爲總校〔註72〕。

張氏令其門人趙荃孫在京師采訪應刻之書，並延請廖廷相（澤群）爲總校，至於
綜理局事者，見張之洞〈開設書局刊布經籍摺〉中云：「檄飭兩廣鹽運司綜理局事，
博訪文學之士詳審校勘〔註73〕。」張氏以公牘聘請兩廣鹽運司兼任綜理局事，又
其〈札運司開設書局〉公牘中云：

> 即在菊坡精舍設立書局，委蔣署運司總理局事，委候補知府方守功
> 惠提調局事，延請順德李學士文田爲纂，南海廖太史廷相、番禺梁太史
> 鼎芬、番禺陶孝廉福祥爲總校，已備書幣往延聘，其分校收掌各員，由
> 總理、提調，博訪通人，親往延訂，擇日開局〔註74〕。

張氏並委任方功惠提調局事，延請李文田爲總纂，廖廷相、梁鼎芬、陶福祥等爲
總校，至於分校等人員，則由總理及提調負責網羅各方博學人士任之。

同治年間鍾謙鈞設立的廣東書局，則由陳澧（蘭甫）主理校刻事務，陳澧當
時德高望重，官吏及學者均一致推舉〔註75〕。陳澧〈陳東塾先生詩詞〉中載〈送

成文出版社，民國 63 年），卷 19。
〔註69〕陳訓慈，〈浙江圖書館之回顧與展望〉，《浙江省立圖書館刊》，第二卷第一期（民國
22 年），頁 14。
〔註70〕毛春翔，〈浙江省立圖書館藏書版記〉，《浙江省立圖書館館刊》，第四卷第三期（民
國 24 年），頁 1。
〔註71〕徐信符，〈廣東版片記略〉，《廣東文獻季刊》，第六卷第四期，頁 19。
〔註72〕同註 9，卷二，頁 89。
〔註73〕同註 1。
〔註74〕同註 10，卷九二，公牘八，頁 6471～6472。
〔註75〕于今，〈廣東書局等刻書〉，《藝林叢錄》，第三編（台北：谷風出版社，民國 75 年），

方子箴都轉移任兩淮〉詩云：「公乃發封椿，書局開通衢，命我司校讎，私意快且愉，眾手集剞劂，眾目辨魯魚〔註76〕。」陳氏之詩以刻印圖書，乃是由多人共同校勘，多位工匠共同於書局中努力的成果。

　　曾國荃於山西省垣設立書局，首先訪求善本，招募工匠以刻印圖書，曾氏〈致王霞舉〉書札中云：

　　　　遂於省垣奏設書局，訪求善本，招募工人，先將各部經書次第刊布〔註77〕。

曾氏擬選派能曉暢經史之人員，細心讎校刻印之書，其〈設立書局疏〉中云：

　　　　設立濬文書局，一面選派曉暢經史正佐各員，將四書、……各書，悉心讎校，招匠刊刻〔註78〕。

又曾國荃對入書局襄理工作人員要求之條件，曾氏〈復葆芝帥〉書札云：

　　　　惟書局專改文字訛誤，既須文理明通，如能勝任，又須熟悉事務，乃免疏虞，是以南省設立此局，其在事諸人，無論官紳，以及幕遊之士，但能曉通其事者，均可入局襄理，不拘拘於章程，惟求克當其任而已〔註79〕。

曾氏以書局中專改文字訛誤者，除須文理通暢外，還須熟悉書局各項業務，並以東南各省官書局為例，只要能達到上述標準，不必拘限於章程之所規定，皆可聘請入局，以襄理校勘事宜。

　　閩浙總督左宗棠以福建省舊藏正誼堂之書板，已蟲蛀無存，故於省會設正誼書局以重刊之，左氏對局中校勘人員之聘用，據吳棠〈閩省建設書院疏〉中云：

　　　　前督臣左宗棠重刊先哲遺書，開設正誼書局，錄選舉貢百餘人，月給膏火，分班校拔〔註80〕。

左氏錄取所選用之舉貢約百餘人，每月酌給薪資，以從事書局校勘工作。又見《穆宗皇帝實錄》卷二百五亦載：「考取舉貢籌給膏火，分司校理，係為教養士林起〔註81〕。」左氏任用舉貢以從事校勘，乃為教養士林，又據羅正鈞《左文襄公年譜》之記載：

　　　　爰於省會設正誼書局開雕，……其有志問學之士，願司分校者，赴

　　　頁 106～107。

〔註76〕陳澧，《陳東塾先生詩詞》（香港：崇文書局，1972），頁 96～99。

〔註77〕同註 17，卷十四，頁 1462～1463。

〔註78〕同註 16，頁 1217，〈設立書局疏〉。

〔註79〕同註 18，卷十六，頁 1720。

〔註80〕同註 1，卷五，頁 413～416，〈閩省建設書院疏〉。

〔註81〕同註 22。

署面試，月致膏火，本爵部堂判事之暇，亦將來局共相討論〔註82〕。

左氏以有志問學之士，且願從事校讎工作者，先赴署中面試，經錄選後，每月籌給薪俸以校勘書籍，這實在是最客觀之用人之法。

左宗棠任陝甘總督時，以古籍均已銷亡，便擬刻印鮑刻六經，以便邊隅士子誦習之用，左氏籌劃書局所需之人員及其工作，見楊書霖《左文襄公（宗棠）全集》中之〈札陝鄂糧臺翻刻六經〉載：

> 除一面飭駐陝軍需局沈守，迅速採辦棗梨各木板，一面雇募刻手外，應飭鄂陝甘後路糧臺王道，於湖北招致刻手三、四十名，送陝西省城關中書院之山長太常寺少卿王督飭開雕，其刻匠刻工飯食，由該道酌定〔註83〕。

左氏所任用的局中人員，除飭令軍需局沈守負責採辦棗梨等木板外；亦請鄂陝甘糧臺王道於湖北招募刻工，並由關中書院山長督飭書籍開雕事宜。

李鴻章於湖北開設書局，對局中人員之聘任，見於李氏之〈設局刊書摺〉中所云：

> 開設書局，派委候補道張炳堃，候選道胡鳳丹妥為經理。……四省公議合刻《二十四史》，……擬即分任校刊，選派樸學員紳悉心校勘，添募工匠，陸續付梓〔註84〕。

李氏委任候選道張炳堃、候選道胡鳳丹經理局事，網羅樸學員紳分任校勘，並添募工匠，陸續刻印各種書籍。

江楚編譯局，為光緒二十七年（1901）兩江總督劉坤一與湖廣總督張之洞會同奏設，時劉世珩為總辦，繆荃孫為總纂，陳作霖、姚佩珩、陳汝恭、及柳詒徵等為分纂；翻譯日本書籍之事，則委羅振玉、劉大猷、王國維等。及周馥任兩江總督時，則延聘陳季同領局事；端方任兩江總督時，聘陳慶年為坐辦，皆延請通儒以編譯各種教科書。

湖南之傳忠書局於編輯《曾文正公全集》時，由王定安（鼎丞）經理局事，聘請曹贊庭、楊次襄、孫壽明、葉堯階四人為助理；而由曹耀湘、楊商霖、張華理、及維申等諸人任編校，並招集手民，刻板刷印〔註85〕。

〔註82〕同註5，卷四，頁250。
〔註83〕同註6，頁4672。
〔註84〕同註29。
〔註85〕同註31，頁21105。

其他，如聚珍書局，主局事者爲江蘇題補道臨川桂嵩慶〔註86〕。四川書局刻書，亦「延訪宿學，詳細校刊〔註87〕。」各省官書局均盡其所能的聘用專才，以完成刻印圖書的使命。

各省官書局之設立，係以刻印圖書爲主，爲推展書局業務，則端賴書局中人員的工作績效，若能各司其職，各展其才，方可完善達成刻書的目的。

創局者於設立書局之初，首先規劃完善的章程以資遵守，對局中各項人員的聘用及管理，亦極費心力，除素有學養外，並積極的參與局事，以盡其監督管理之責。創局者，如曾國藩，雖已委任官紳經理金陵書局各項事務，然於閒暇之時，亦多次至書局，並與局中友人經常往來。見曾國藩《曾文正公手寫日記》同治三年（1864）至七年（1868），有關之記載如下：「又至歐陽小岑書局一坐」〔註88〕；「出門至書局拜沈節門先生，請爲本年西席，教兒輩也。」〔註89〕；「復周縵雲信」〔註90〕；「出門至……飛霞閣等基地，與書局張嘯山、李壬叔等一談。」〔註91〕；「請俞蔭甫便飯，陪者山長周縵雲、倪豹岑二人，書局張嘯山等六人，及莫子偲等凡二席。」〔註92〕；「寫信與縵雲言書局事約四百字」〔註93〕；附記「回周信書局事」〔註94〕；「又至書局拜張嘯山、唐端甫諸君子，旋拜孫琴西一談。」〔註95〕；由此可見曾氏對書局中諸事之關心及人員之禮遇。又如張之洞本已極爲嚮往刻書，其創設廣雅書局後，徐信符（紹棨）〈廣雅書局總敍〉載張之洞事：「南皮張文襄公督粵，首建廣雅書院以課士，……復於城南南園之側建廣雅書局，……文襄公於政務餘暇，時蒞其間，十峰軒者，即文襄公觀書之所，而特錫嘉名者也〔註96〕。」張氏雖政務繁重，仍以餘暇，常至局中觀書，亦可見對書局工作的重視。

各局對經理、主持、或提調局事人員之聘用，有官員兼任，亦有士紳名儒，負責及執行局中各項事務的推動及管理；至於總分纂、總分校等人員，均爲當時績學之士及名儒宿彥。由於當時以刻書相尙的風氣，各局多能延聘至書局中，從

〔註86〕同註59。

〔註87〕同註4。

〔註88〕同註14，頁1794。

〔註89〕同註14，頁1993。

〔註90〕同註14，頁2449。

〔註91〕同註14，頁2598。

〔註92〕同註14，頁2473。

〔註93〕同註14，頁2600。

〔註94〕同註14，頁2700。

〔註95〕同註14，頁3232。

〔註96〕徐紹榮，〈廣雅書局總敍〉，《廣雅叢書》，（廣雅書局，民國9年3月刊本）。

事校勘圖書的工作，至於所招募的刻工，各局亦訂有條規，稽核其良窳，並獎懲以示鼓勵之意。因此，當時各省書局刻書事業之盛，實由於上述各書局完善的組織——即釐定功能詳盡的各種章程，以及書局中各項工作人員的相互合作及勤奮努力的成果。

第三節　各省官書局刻書的內容

歷代官府刻書，其刻書之內容，往往與當代政府的政策、時代的背景、及學術文化的發展，有密切的關係，可反映出當時整個社會的概況。

清咸、同年間之內亂外患，使典籍慘遭摧殘，大亂之後，人思向學，但書籍卻極爲缺乏，因此，或童蒙之始，應在所宜愼；或爲士子誦習久廢，學風必致衰竭；或爲應試科舉；或爲轉移風俗而維持人心；或爲保存一代文獻等的條件下，朝廷及各地先知卓見之士，積極的推動，於各省成立官書局，刊印了爲數甚夥，且切合當時實用的書籍，以培育人才，教化百姓，達到振興文教的目的。本節擬一併收羅各書目書識及文獻資料中，所著錄各省官書局所刻之書，以分析各省官書局刻書的類別。惟因各家書目記載各省官書局刻書的數量頗多，其中記錄詳略不同，無法全面性的統計與分析，故以各文獻資料記載爲主，試爲探究當時各省官書局刻書的內容，歸納敘述如下：

一、學中讀本

學中讀本，爲士子在學校誦習所需使用的課本，一般指《四書》、《五經》等類的書籍。我國自古便以經書做爲社會道德修養的規範，因此這些書籍也多作爲童蒙養正及肄習的基礎，尤其在科舉取士的制度下，這類的書籍更是士子應試科舉、晉身仕途所必須誦讀的典籍。咸、同內亂初定，各省設立書局，在迫切需要書籍情況下，往往率先刊印《四書》、《五經》等書，頒發各府、廳、州、縣學及書院，以供文人士子講學、誦習之需。

江蘇江寧省城於同治初年，設立金陵書局，首先刻印之書，據鮑源深〈請購刊經史疏〉中云：「現在江寧省城已設局刊刻《四書》、《五經》，惟所刊皆係學中讀本〔註97〕。」可知率先刊印者，即屬於學中讀本的《四書》、《五經》。又據曾國

〔註97〕同註1。

藩〈復何子貞太史〉書札中云：「此間書局所刻經，不過便初學讀本。」〔註98〕，曾氏又函〈覆何子貞〉之書札中提及：「李帥飭局刻諸經讀本〔註99〕。」可見金陵書局還刊印了《十三經》初學之讀本。

浙江巡撫馬新貽，於同治六年（1867）設書局刻書時，馬氏奏〈復建書院設局刊書以興實學摺〉中，提及前任浙江巡撫左宗棠已設書局刊書，據云：「惟書籍一項，經前兼署撫臣左宗棠飭刊《四書》、《五經》讀本一部〔註100〕。」左氏所飭令先刊印之書，即為《四書》、《五經》的讀本乙部。

左宗棠又於任陝甘總督時，於奏〈請分甘肅鄉闈并分設學政摺〉中提及：「不得已設局鄂省，影刊《四書》、《五經》、小學善本，分布各府、廳、州、縣〔註101〕。」可知左氏曾影刊《四書》、《五經》、小學諸書，並頒布於各府、廳、州、縣，以便誦習之用。

光緒十五年（1889）廣西巡撫馬丕瑤，擬開設書局，據《光緒朝東華錄》中載馬氏之奏云：「擬在省城開一書局，刊《六經》讀本〔註102〕。」此後又奏有：「至省局刊刻《六經》、《四書》讀本，及《孝經》、《小學集解》，均已工竣，印發各屬分別散布，俾讀者咸獲善本〔註103〕。」該省書局所刊印之書，率以《六經》、《四書》等讀本為先。

山西巡撫曾國荃設立濬文書局時，在其〈設立書局疏〉中云：

> 近十年來，歲試文童入場者，大縣多不過百餘人，或七、八十人，小縣或五、六十人，三、四十人不等。士為四民之望，今應試者如此其少，正氣摧殘可概見矣。……在於太原府城內設立濬文書局，……將《四書》、《六經》……悉心讎校，招匠刊刻〔註104〕。

曾氏以士子為百姓之望，而應試者所以稀少，乃由於書籍之缺乏所造成，於是設書局刊印《四書》、《六經》等書，供士子誦讀，以備應試之需。又在其「致何筱宋」書札中云：

〔註98〕同註28，頁15978。

〔註99〕同註28，書札，卷二六，頁15354。

〔註100〕王錫蕃校，《馬端敏公（新貽）奏議》，《近代中國史料叢刊》續編，第十八輯一七一冊（台北：文海出版社，民國71年），卷五，頁528，〈復建書院設局刊書以興實學摺〉。

〔註101〕同註6，奏稿，卷四四，頁1770，〈請分甘肅鄉闈并分設學政摺〉；又同註1，頁94，〈請陝甘鄉試分闈并分設學政疏〉）。

〔註102〕同註8，頁682，光緒十五年十二月。

〔註103〕同註8，頁2838，光緒十七年二月。

〔註104〕同註16，卷十三，頁1218～1220，〈設立書局疏〉。

　　　　晉中書局向不講求，即《五經》、《四書》求一善本，亦不可得，坊
　　間所售，率多亥豕魯魚之訛，而音韻學尤為錯謬，學者四聲莫辨。弟到
　　晉後，早擬設立書局，擇要刊刻〔註105〕。

曾氏以晉省原有書籍已少，即使有之，亦大多為錯訛之版本，學人不堪卒讀，故
其到晉之後，便早已擬定設書局刊印書籍之事。又曾國荃〈致閻丹初〉之書札曾
云：「書局先刻《四書》，次刻《六經》。」〔註106〕，而在其〈復鄭玉軒〉書札中
亦提及：「此間書局，四書板片已刊就，《六經》正在校刊〔註107〕。」可知曾氏在
設書局之始，首先擇其尤為切要者刊印，亦即選擇刊印《四書》、《六經》等書。

　　李鴻章於湖北設書局，其於所奏之〈設局刊書摺〉中云：「此次設局刊書，祇
可先其所急，除《四書》、《十三經》讀本，為童蒙肄習之書，業經刊刻頒行各學。」
〔註108〕李氏所刻之書，亦就所急，先刊印童蒙肄習所需使用的《四書》及《十三
經》讀本。

　　其他，如劉聲木《萇楚齋隨筆》卷九所載：「同治十一年（1872）平遠丁文誠
寶楨任山東巡撫時，曾以《十三經》讀本發局開雕。」〔註109〕，又丁日昌之奏〈蘇
省設局刊書疏〉中云：「小學為童蒙養正之基，……謹當續刊成，廣為流布〔註110〕。」
可知山東書局亦曾刊印《十三經》讀本；江蘇書局也陸續刊印為童蒙養正之基的
小學諸書。

　　由上述各項可知，各省書局多以學校所需用之本，為急需且率先刊印的書籍，
用以提供士子研讀；這些書籍亦可作為士人考試進階之依據。至於所謂「學中讀
本」，除《四書》、《五經》外，尚有小學、《六經》、《十三經》、《孝經》、及音韻學
等讀本。

二、正經正史

　　經學之書，長期以來，便是我國社會、政治及精神生活的思想基礎，古人「皓
首窮經」，可見對經學的尊崇；中國史籍浩如淵海，內容率為過往歷史經驗之所得，
足以作為後人立身行事之殷鑑。因此，經史諸書，自古為文人士子奉為圭臬，蓋

〔註105〕同註17，卷十二，頁1239。
〔註106〕同註17，卷十二，頁1255。
〔註107〕同註17，卷十三，頁1419。
〔註108〕同註28。
〔註109〕劉聲木，《萇楚齋隨筆》（台北：世界書局，民國49年），五筆卷九，頁5。
〔註110〕溫廷敬，《丁中丞（日昌）政書》，《近代中國史料叢刊》，續輯（台北：文海出版
　　　　社，民國69年）撫吳奏稿一，頁9，〈設立蘇省書局疏〉。

博通經史，方可明其體以達致用也！

江蘇學政鮑源深認為《四書》、《五經》等學中讀本刊就後，亟應補購，或刻刊經史之書。鮑氏之〈請購刊經史疏〉中云：

> 現在江寧省城已設局，……於經史大部尚未遑及，竊維士子讀書，以窮經為本，經義以欽定為宗，臣伏讀世祖章皇帝《御註孝經》、聖祖仁皇帝《御纂周易折中》，欽定書、詩、春秋三經傳說彙纂，世宗憲皇帝《御纂孝經集註》，高宗純皇帝《御纂周易述義》、《詩義折中》、《春秋直解》、《欽定三禮義疏》皆闡發精微，權衡至當，足使窮經之士，不淆於眾說，得所指歸，以上各書請旨敕下各撫藩，先行敬謹重刊，頒發各學。……庶使僻壤窮鄉皆知研求經學。至窮經之外，讀史為先，全史卷帙浩繁，現在經費未充，重刊匪易，恭請飭令先將聖祖仁皇帝《御批通鑑綱目》，高宗純皇帝《御批通鑑輯覽》，敬謹先刊分發各學士子讀之，已可貫串古今，賅通全史。……士子深於經者，窺聖學之原，深於史者，達政事之要，體用兼賅，益于人才蔚起〔註111〕。

鮑氏以士子讀書，窮經方不淆於眾家之說，而能有所指歸；讀史可貫穿古今數千年之事，而能賅通全史。又以為深於經者，得窺聖學之原；深於史者，達政事之要，體用兼備，人才始克興起。因此，建議應積極刊印欽定、御批之經史諸書，以供士子研讀，達到作育人才的目的。

四川總督兼署成都將軍吳棠亦以士子讀書，應以經史為要，吳氏在奏〈設局刊刻書籍由〉亦云：

> 臣思士子讀書，必以研求性理為本，以博通經史為先，庶可明體達用。……敬謹重刊欽定《朱子全書》，……頒發通省府、廳、州、縣書院，以資講習，顧既有經學以養其心性，尤須有史學以增其識力。恭查殿本《前、後漢書》考校精詳，洵為士林圭臬。……亦次第告竣，……現又籌款接刊《史記》、《三國志》兩書，合成《四史》，除分發各學，並准書肆刷印，務期流傳日廣，俾多士咸敦實學〔註112〕。

吳氏亦以士子讀書，從經學可養其心性，由史學可增其識力，若博通經史，方可明體達用，所以刊印了欽定《朱子全書》及《四史》等，以頒發各學，期使士子同敦實學。

〔註111〕同註1。
〔註112〕同註4。

張之洞之設廣雅書局，其〈札運司開設書局〉中云：

> 自前督部堂阮文達公創立學堂，輯成《皇清經解》，迄今亦已六十
> 年，或前賢稿本漸獲流傳，或後起學人繼有述作，亟應蒐輯續刊，以昭
> 聖代經學之盛。……今將此款提充書局經費，專刊經史有用之書〔註113〕。

張氏爲接續聖學之香火，故籌款以供蒐輯經學著述，並陸續專爲刊行經史書籍之
用。又胡鈞編《張文襄公（之洞）年譜》〈設廣雅書局條〉云：

> 蒐羅經學通人著述，陸續刊行，以踵《皇清經解》之後，史部、子
> 部、集部諸書，可以考鑑古今，裨益經濟，維持人心風俗者，一律蒐羅
> 刊布。……按廣雅書局以光緒季年停辦，……番禺徐紹棨董理圖書館事，
> 擇板式畫一者，得一百五十餘種，彙爲《廣雅叢書》；其屬於史學者九十
> 三種，別爲《史學叢書》〔註114〕。

廣雅書局所刻之書，經編刊而成之《史學叢書》，其中爲諸史所作之考證、辨說、
注疏、校勘者，極爲著名。

其餘各省書局之經史諸書，如同治六年（1867）浙江書局之馬新貽〈設局刊
書疏〉中云：

> 即於四月二十六日開局，……並先恭刊《欽定七經》、《御批通鑑》、
> 《御選古文淵鑑》等書昭示圭臬。其餘有關學問經濟，爲講誦所必需者，
> 隨時訪取善本，陸續發刊〔註115〕。

又如湖北書局李鴻章〈設局刊書摺〉中亦云：

> 伏思《欽定七經》、《御批通鑑》，集經史大成，尤爲士林圭臬，……
> 節經訪覓善本，次第開雕〔註116〕。

再如江蘇書局丁日昌〈設立蘇省書局疏〉中云：「經史爲藝苑大成之目，謹當陸續
刊成，廣爲流布〔註117〕。」及廣西巡撫馬丕瑤〈續刊有關實學諸書〉奏〔註118〕，
以及陝西巡撫鹿傳霖之奏「陝西學政柯逢時，於涇陽縣設立書局，校刊經史等書〔註
119〕。」上述各局均爲刊印經史諸書之例。

<hr />

〔註113〕同註10，卷九三，公牘八，頁6471。
〔註114〕同註9，卷二，頁89。
〔註115〕同註100。
〔註116〕同註29。
〔註117〕同註110。又同註1，卷五，頁379，〈蘇省設局刊書疏〉。
〔註118〕同註8，光緒十五年十二月。
〔註119〕同註8。

三、吏治諸書

自古為政者，悉知「得其人則治，失其人則亂」的道理，咸、同之亂敉平後，各省急欲整頓，勵精圖治，則如何培育或指引治理地方政治事宜之書，則尤為急切。

江蘇巡撫丁日昌極重視地方親民之官、牧民之政。丁氏認為，自咸、同地方亂起，州縣之官，素質參差不齊，且大多對於吏治諸書，未曾有所體會，一旦臨政則無所依循，因之建議刊印吏治之書。丁氏〈蘇省設局刊書疏〉中云：

> 溯自軍興以來，州縣中岐途雜出，流品亦至不齊，雖其中固多可造之才，而平日於吏治諸書曾未體會，一旦身膺民社，茫然無所持循，凡百工技藝，皆學而後能，豈有親民有司不學，而能無謬失者，此循良所以日鮮，而民困所由日深〔註120〕。

丁氏以百工技藝皆學而後能，而與民最親之州縣官吏，豈有不學而能無錯失乎？因而民困日益加深。因此，州縣之官吏應多多誦習有關吏治諸書，裨便處理政事。丁氏於設江蘇書局時，使率先擬定刊印牧令各書，其〈蘇省設局刊書疏〉中云：

> 今日欲敦吏治，必先選牧令，欲選牧令，必先使耳濡目染於經濟致治之書，然後胸中確有把握，臨政不致無所適從，臣現督飭局員選擇牧令，凡有關于吏治之書著為一編。如言聽訟則分別如何判斷，方可得情；言催科則分別如何懲勸，方免苛斂；胥吏必應如何駕馭，方不受其欺矇；盜賊必應如何緝捕，方可使之消彌。他如農桑、水利、學校、賑荒諸大政，皆為分門別類，由流溯源芟節其冗煩，增補其未備，刊刻一竣，即當頒發各屬官一編，俾資程式，雖在中材，亦可知所趨向，譬諸百工示以規矩，則運斤操斧悉中準繩，庶幾士習民風因之起色。……臣在蘇省設立書局，先刊牧令各書〔註121〕。

丁氏以欲敦吏治，則應選刊牧令之書，且須耳濡目染經濟政治之書，使各官吏臨政之際，有所遵循，方不致無所適從。且例舉應如何治理之道，以得百姓實情，不但可使民困日鮮，且可改善地方之士習民風，故丁氏所刻第一種書籍，即為《牧令書輯要》〔註122〕。

至於朝廷對於刊印裨益吏治之書，亦頗為重視，同治九年（1870）曾詔諭各

〔註120〕同註110。

〔註121〕同註117。

〔註122〕呂實強，《丁日昌與自強運動》（台北：中研院近史所，民國61年），頁162～163。

省書局刊印明儒呂坤的《實政錄》以資吏治。據《東華續錄》同治九年（1870），閏十月所載：「詔各省書局刊明儒呂坤《實政錄》，以資吏治〔註123〕。」此乃御史吳鳳藻所奏，又按《大清穆宗毅皇帝實錄》卷二百九十四之記載：

> 御史吳鳳藻奏，明儒呂坤所著《實政錄》，最為吏治鍼砭，現江南、湖北、浙江等省，均開書局，請飭刊刻等語。著該省督、撫於刊刻經史之餘，接刻呂氏《實政錄》，廣為流布，俾收實效而飭官方〔註124〕。

朝廷飭令各省督、撫，於刊刻經史之餘，應接刊《實政錄》，並廣為流傳，以收實效而飭官方。

廣西巡撫馬丕瑤，曾刊印《圖民錄》乙書。據《光緒朝東華錄》光緒十七年（1891）二月載馬氏之奏云：

> 又《圖民錄》一書，敷陳治理，深切著明，為居官之寶鑑，亦已刻成，任地方者各手一篇，於吏治不無裨益〔註125〕。

馬氏以圖民錄一書，對陳述治理事宜，甚為深切完備，可為任官者處理事宜之寶典，故於該書刻成後，頒發任職地方官者各一篇，以便裨益吏治。

其餘，如李鴻章〈設局刊書摺〉中云：「其餘說文、牧令、政治等書，亦皆切於日用，節經訪覓善本，次第開雕。」〔註126〕；又如曾國荃〈設立書局疏〉中亦云：「將四書、……牧令全書、五種遺規、荒政輯要各書，悉心讎校，招匠刊刻〔註127〕。」可知湖北書局及山西書局，亦以刊刻牧令全書為要，以裨益地方之吏治。

四、郡邑叢書

郡邑叢書，乃為薈萃地方歷代名賢、先儒之著述，刊印而為叢書者。明萬曆間，海鹽樊維城專輯歷代海鹽縣人著述，而刊成《鹽邑志林》，繼此而起，清代有《涇川叢書》、《嶺南遺書》、及《畿輔叢書》等均屬之。各地均積極收羅刊布，以成地方叢書，而發揚光大地方之文獻〔註128〕。

〔註123〕王先謙、朱壽朋等纂，《東華續錄》（台南：大東書局，民國57年），卷八八，頁1147，同治九年閏十月。
〔註124〕同註22，卷二九四，頁6059，同治九年十月。
〔註125〕同註8，光緒十七年二月。
〔註126〕同註29。
〔註127〕同註16，頁1218～1220，〈設立書局疏〉。
〔註128〕謝國楨，《叢書刊刻源流考》，《中和月刊論文選集》，第四輯（台北：台聯國風出版社，民國63年），頁18。又吳則虞，〈板本通論〉，《四川圖書館學報》，第三號（1979），頁28。

地方官府之刻書，與地方關係密切，較為重視地方文獻，因此，對地方文獻的收集、整理，乃至付之剞劂，務必使地方文獻易於保存而廣為流傳。

閩浙總督吳棠重刊先哲遺書，吳氏〈閩省建設書院疏〉中云：「同治五年，前督臣左宗棠重刊先哲遺書，開設正誼書局〔註129〕。」

又見羅正鈞編《左文襄公（宗棠）年譜》同治五年（1866）條，記載較為詳細：

> 以閩中理學之邦，思有以延其續，設正誼書局，諭曰：敬教勸學，衛國於以中央，察孝舉廉，漢治所以近古。曩者張清恪之撫閩也，與漳浦蔡文勤講明正學，閩學大興，清恪彙刻《儒先遺書》五十五種，埽異學之氛雰，入宋儒之堂奧，所藏板片蟲蛀無存，爰於省會設正誼書局，開雕書成，散之府、縣書院，俾吾閩人士得日對儒先，商量舊學，以求清恪、文勤遺緒〔註130〕。

左氏以張清恪公撫閩時，使閩中理學大盛，張氏曾彙刻《儒先遺書》五十五種，然而板片蟲蛀已無存者，於是左氏設正誼書局，重刊這些先哲的遺書，以延張清恪公之遺緒，而使閩中人士得以與先哲商討學問，而得其精髓。

張之洞在湖北書局，將已刻印湖北歷代名賢著述之《湖北叢書》三十一種除外，其他尚未刻印或訪求得到的書籍，均交予湖北書局。見胡鈞《張文襄公（之洞）年譜》光緒十七年（1891）十月條載：

> 刻湖北歷代名賢著述，湖北學政趙尚輔，已刻三十二種為《湖北叢書》。以未刻或未獲者歸公，公發崇文書局，續刻曰《江漢叢書》〔註131〕。

張氏擬續刊的湖北歷代名賢著述，名之曰：《江漢叢書》。又見張之洞之〈札北善後局籌撥刻書銀兩〉公牘中云：

> 湖北歷代名賢、通儒著述不少，現經提督學院趙蒐羅校刊，已經刊成者三十一種，其餘應刻者尚多，經本部堂商明，即將已刊各書板片，並采獲未刊各書六本，均存留湖北書局，俟陸續彙刻完備，即名曰《江漢叢書》，以廣流布而禆士林〔註132〕。

張氏以湖北歷代名賢、通儒之著述不少，而湖北學政趙尚輔雖蒐羅校刊，且已刻

〔註129〕同註1，卷五，頁414，〈閩省建設書院疏〉。

〔註130〕同註5。

〔註131〕同註9，卷三，頁116。

〔註132〕同註10，卷九八，公牘十三，頁6968。

成《湖北叢書》三十一種〔註133〕，然所餘而仍應刻印者尚多，乃將已刻三十一種之板片，以及采輯未刻或未獲者，陸續彙刻完備，以發雕刻。

淮南書局於同治八年（1869）設局之初，即以「整理舊存鹽法志及各種官書殘板，刊布江淮間耆舊著述〔註134〕」為該局刊印書籍之目標，可見對地方著述之重視。

雲南官書局，亦曾刊印有關該省之地方文獻。雲南圖書館曾輯刻《雲南叢書》，為對於地方文獻整理的重要工作。《雲南叢書》之編印係採用原有之舊版，重新編定卷次，其中舊有書板之來歷，有取自雲南官書局曾刊印之舊刻本，如《滇繫》、《滇南詩略》及《滇南文略》等均屬之〔註135〕。

綜合上述各省官書局刻書的內容，雖按所收集之資料分析歸納為學中讀本等四項，然就各省官書局實際所刻之書，實則四部之書均甚夥，如浙江書局所刻之《二十二子》，湖北武昌書局所刻之《百子全集》。然為振興當時文教，在迫切需求及實用的前提下，其刻書必須選擇最重要者率先刊印，故可謂為當時各省官書局刻書之重點。

第四節　五局合刻《二十四史》

同、光年間，各省官書局雖在紛擾的亂世下慘澹經營，然各書局均各自選擇擬定所需刻印之書，當時亟需互相合作，統籌並分別刻印各種書籍，除了避免所刻書籍的重複，造成人力、經費的浪費外，且可聯合眾局之力，完成大套書籍的刻印，以達到書局經營的極致目標，實應值得推廣。五局（蘇、寧、揚、浙、鄂），由於地理位置接近，及負責各局之督、撫間的坦誠合作，積極促成，終能刻印完成《二十四史》的鉅大事業，實具重大意義。此後，淮南書局的何紹基（子貞），雖以窮經應勝於治史，亦欲提倡繼續合作刻印《十三經注疏》，然各局並未能助此盛業〔註136〕。故本節特別論述五局合刻《二十四史》之盛舉。

中國自古就有修史傳統，史籍極為豐富。因此，中國歷史也有了較為詳細的

〔註133〕參考國立中央圖書館特藏組編，《台灣公藏普通本線裝書名索引》（台北：該館印行，民國71年），頁776，《湖北叢書》應為三十一種。

〔註134〕謝延庚修，劉壽曾等纂，《光緒江都縣續志》，《中國方志叢書》，華中地方第二六號（台北：成文出版社，民國63年），卷十六，頁901。

〔註135〕于乃義，〈雲南圖書館見聞錄〉，《中國古代藏書與近代圖書館史料》（台北：仲信出版社，民國72年），頁500。

〔註136〕同註13，頁7。

記載。正史之名，初見於《隋書·經籍志》，即所謂「世有著述，皆擬班、馬，以為正史」。歷代的正史均由後一王朝纂修前朝一代之史。《二十四史》則為乾隆年間所定的正史，是我國斷代史的總集〔註137〕。歷代所定正史不同，是由於歷史發展階段的不同所致。魏晉人有《三史》之稱，指《史記》、《漢書》、《東觀漢記》；《隋書·經籍志》以《史記》、《漢書》、《後漢書》、《三國志》合稱為《四史》；《舊唐書·經籍志》除《四史》外，列有《晉書》、《宋書》、《南齊書》、《梁書》、《陳書》、《魏書》、《北齊書》、《周書》、及《隋書》，合計為《十三史》；至宋朝，宋人又加《南史》、《北史》、《新唐書》、《新五代史》，故有《十七史》之稱；明國子監刊刻正史時，又加《宋史》、《遼史》、《金史》、《元史》，合稱《二十一史》；清乾隆年間，修成《明史》，又詔增《舊唐書》，並從《永樂大典》中輯出《舊五代史》合稱《二十四史》。其中除《史記》、《南史》、《北史》等屬通史性質外，其餘則為斷代史，均以歷代政治內容為主體，附以經濟、文化、人物、及典章制度〔註138〕。《二十四史》刻成於清乾隆年間，有武英殿本；同治朝，則有金陵、淮南、江蘇、浙江、湖北五省官書局僊配汲古閣合刻本，皆以帝王及眾力而方得完成〔註139〕。

自江蘇在江寧興辦金陵書局，各省紛紛繼起創設書局，然書局雖分設各省，但彼此間多有聯繫。在江南之金陵書局刻印馬班范陳《四史》後，湖北武昌書局續刻史書，因而有分任合刻全史之議，擬合眾力完成鉅作。當時各負責局務之督、撫相互協商，且多位知名學者參與其事，誠為盛事，為後世所樂於稱道〔註140〕。

分任刻印全史之舉，為同治八年（1869，歲次己巳）春，由當時浙江巡撫李瀚章（筱荃，筱泉）所發起，聘請主講於詁經精舍的俞樾，為書局之總辦〔註141〕，擬議以江寧、蘇州、杭州、武昌等四書局，會刻《二十四史》，並由俞樾與負責各書局之督、撫商量，分刻諸史事宜〔註142〕。

當時兩江總督馬新貽負責之金陵書局，俞樾與之商議刻史之事。俞樾在《春在堂全集》筆三中載：

> 余因移書問兩江制府馬端敏，端敏復書，許刻至《隋書》而止〔註143〕。

〔註137〕新文豐出版公司編輯部，《古籍版本鑒定叢談》（台北：新文豐出版公司，民國73年），頁43～44。

〔註138〕張舜徽，《中國古典文獻學》（台北：木鐸出版社，民國72年），頁105～106。

〔註139〕惲茹辛，《書林掌故續編》（香港：中山圖書公司，1973年），頁193。

〔註140〕同註56。

〔註141〕同註13，頁5～6。

〔註142〕俞樾，《春在堂全集》（台北：中國文獻出版社，民國57年），牘二，頁368。

〔註143〕同註142，筆三，頁3565。

又其〈與王甫兄〉之牘亦云：

> 李筱泉中丞謀合各省會書局，刻《二十四史》。屬弟商之江南督
> 撫，……嗣于三月中，得馬穀翁回書，金陵書局從《史》、《漢》起，直
> 任至《隋書》而止〔註144〕。

馬氏即刻允諾金陵書局刊印之史書，從《史記》、《漢書》起，直至《隋書》止，共計十五史。而使俞樾甚為振奮，俞氏〈與馬穀山制府〉牘中云：

> 刻史之舉，金陵書局直任至《隋書》而止，不特見嘉惠來學之盛心，
> 抑且微舉重若輕之大力，即攜尊函與筱泉中丞共讀之，同深歎服〔註145〕。

由於金陵書局雖已刊印了《四史》，然以《二十四史》之巨，該局即分任刊刻了十五史，可見其鼎力支持合刻全史之計劃，使主事之李瀚章及俞樾深感歎服。

俞樾以尚餘之九種史書，又與蘇州書局之江蘇巡撫丁日昌（雨生）商量刻印之事。俞氏〈與王甫兄〉之函中提及：

> 今春李筱泉中丞謀合各省會書局，刻《二十四史》，屬弟商之江南
> 督撫，因先與丁禹翁商量，許刻遼、金、明三史〔註146〕。

俞氏擬請丁日昌允應蘇州書局刊印遼、金、明三史，又俞樾在《春在堂全集》筆三中載：

> 李筱荃中丞書謀合江寧、蘇州、杭州三書局合刻《二十四史》，屬
> 余謀之江南諸當事，……以告蘇撫丁雨生中丞，中丞稍難之曰：蘇局已
> 刻《資治通鑑》，應敏齋廉訪又購得畢氏《續通鑑》版歸局中，則自明以
> 前事蹟具矣！吾再刻一《明史》，而三千年往事燦然在目，何事《二十四
> 史》為？余曰：固也。然公并《明史》不刻則已耳，既刻《明史》則一
> 大部也，何不更刻一二種，以成此美舉乎？中丞首肯，乃以刻遼、金、
> 明三史自任〔註147〕。

蓋蘇州書局已經刻印了《資治通鑑》，且擬續刊購置之《續資治通鑑》書版，若再刻一《明史》，則明以前三千年之事蹟，已臻完備，不欲分任合刻全史之舉。俞樾乃說服之，以既刻《明史》，何不多刊一、二種，以達成此項合刻全史之壯舉。丁日昌乃首肯刻印遼、金、明三史。

至此，僅餘《新、舊唐書》，《薛、歐五代史》，及宋、元二史，俞樾便與李瀚

〔註144〕同註142。
〔註145〕同註142，牘二，頁3679。
〔註146〕同註142。
〔註147〕同註142，筆三，頁3565。

章定議，由浙江杭州書局刻印《新、舊唐書》及《宋史》，請湖北李瀚章於武昌書局刻印《薛、歐五代史》及《元史》，並擬定大約以三、四年間刻印完成〔註148〕。

惟湖北書局之李瀚章卻不願刻印《元史》，而欲以《元史》交換蘇州書局刻印之《明史》，二局爭刻《明史》，且此舉又與丁日昌之初意相違背〔註149〕。於是，俞樾乃又〈與丁禹生中丞〉函商量此事，其中云：

> 昨在吳平齋觀察處，見陳稽亭先生《明紀》一書，共六十卷，……仿溫公《通鑑》之例，首尾完全，詳略有法，頗擅史才。尊議欲刻《明史》，補畢氏《通鑑》所未及，使學者不必讀《二十四史》，而數千年事犁然大備，此意甚盛。但《明史》與《通鑑》體非一律，若刻陳氏此書，則與《通鑑》體例相同，合成全璧，洵可於《二十四史》外別張一幟，且向來並無刻本，為海內所未見之書。若及此時付之棃棗，會見不脛而走，傳播藝林，未始非吾局之光也〔註150〕。

俞氏從吳平齋觀察之建議，以蘇州書局既已刻印司馬光之《資治通鑑》，且續刊畢沅《續資治通鑑》，何妨選印陳稽亭《明紀》一書，其體例與《通鑑》同，又可補《續資治通鑑》所未及之處，若刊成此一系列之書，數千年之事蹟亦可大備，且可於《二十四史》外，別樹一格。後丁日昌遂以此為然，允刻印遼、金、元史，並即付書局開雕。

四局同意合刻《二十四史》大致議定。又據《光緒江都縣續志》之記載：

> 九年，署運史龐際雲請于鹽政為馬端敏公，分刊江寧書局《隋書》〔註151〕。惟最初金陵書局所任刊印之《十五史》，於同治九年（1870），分其《隋書》給與其相輔翼之淮南書局，則最後《二十四史》，實分由五所書局刻印而成。

完成議定五局分任各史之工作，實為俞樾之功。俞樾〈與王甫兄〉之函中云：

> 今春李筱泉中丞謀合各省會書局，刻《二十四史》，屬弟商之江南督撫。……弟忝書局總辦，實則總而不辦，深愧素餐，惟此事稍有參贊之功〔註152〕。

俞氏謙稱雖為書局總辦，卻總而不辦，但他與各局督、撫間之頻繁聯繫及商議合

〔註148〕同註145。
〔註149〕同註143。
〔註150〕同註142，牘二，頁3682。
〔註151〕同註134。
〔註152〕同註143。

刻《二十四史》,誠屬竭盡心力,從他〈與李筱荃制府〉函中云:

> 樾于五月十九日,自湖隄精舍還吳下寓廬,至廿二日即患大病,臥
> 床月餘,至今尚未出房,終日在房中扶杖而行。……鄂局所刻《國語》
> 及《經典釋文》甚佳,……浙局見刻《通鑑輯覽》,蘇局見刻《明紀》,
> 派刻各史均未開雕,伏念合刻全史之議發自臺端,而事關數省,議同築
> 舍,未知何日觀成,良可喟也〔註153〕!

俞樾見湖北武昌、浙江杭州、及江蘇蘇州等書局,均續刻它書刊布,惟派任各局
所應刻印之史書,卻尙未開雕,以事關數省之合作,雖大病在臥,仍叨念合刻全
史之事,以其不知何日可觀其成,喟然而歎!

　　五局既允應合刻《二十四史》,刊印各史之版式、行款、及字體應求其一律,
以具備全史之整體性。俞樾與〈馬穀山制府〉函中曰:

> 三、四年間,全史可以畢工,偉然大觀矣!樾去年承招至浙局,樂
> 觀厥成,實喜且幸。尊意全史格式宜求一律,請將金陵新刻《前、後漢
> 書》樣本,寄一、二本來,俾各局知所法守,幸甚〔註154〕!

馬新貽以刻印全史,應求各局格式一律。俞樾乃請以金陵書局所新刊《四史》中
之《前、後漢書》爲樣本,寄一、二本來,俾各局有所依循。至於《前、後漢書》
之格式及字體,曾國藩〈致周縵雲〉之書札中曾提及:

> 前此面商《前、後漢書》每卷之末一葉,刻一戳記云:金陵書倣汲
> 古閣式刻,昨見局板尚未添刻,請即飭令以後各卷皆須增刻,以前各卷
> 可補者,補之,不可補者,聽之。僕嘗論刻板之精者,須兼方、粗、清、
> 勻四字之長。方,以結體方整言,而好手寫之,則筆畫多有稜角,是不
> 僅在體,而並在畫中見之;粗,則耐於多刷,最忌一橫之中太小,一撇
> 之尾太尖等弊;清,則此字不與彼字相混,字邊不與直線相拂;勻者,
> 字之大小勻,畫之粗細勻,布白之疏密勻。既係長遠之局,須請局中諸
> 友,常常執此四端與工匠講求,殷勤訓獎,嚴切董戒,甚至朴責議罰,
> 俱不可少,自然漸有長進〔註155〕。

曾國藩於金陵書局刻印《前、後漢書》時,要求書局刻一木記,註明板本來源爲
汲古閣本,並提示刻板之精,字體應兼取方、粗、清、勻四字之長,經常與工匠
講求,以達此水準。俞樾收到《前、後漢書》後,便〈與馬穀山制府〉函云:

〔註153〕同註142,牘三,頁3690。
〔註154〕同註142,牘二,頁3679。
〔註155〕同註28,書札,卷二六,頁15338。

頃楊石泉方伯交到《前、後漢書》各一部，傳述尊意，嘉惠陋儒，拜受之餘，不啻鄴騎到而寶块來也！……略一展玩，其字體工整，格式大方，洵為海內善本，即函告浙局諸同人，《新、舊唐書》照此刊刻，使成一律，亦藝苑之巨觀也〔註156〕。

俞樾對金陵書局刊印之《前、後漢書》，稱譽備至，以其字體工整，格式大方，實為海內之善本；便擬以浙江書局刻印《新、舊唐書》，照此為樣本刻印。

前述金陵書局刻印之《前、後漢書》係倣汲古閣本，然其餘各史之刻印，則應據何種版本刻印？據李鴻章〈設局刊書摺〉中云：

現在浙江、江寧、蘇州、湖北四省公議合刻《二十四史》，照汲古閣《十七史》板式、行數、字數，較各家所刻者精密〔註157〕。

又見張文虎〈復湘鄉相侯〉函亦云：

馬制軍比以合肥節相函商，鄂、寧、蘇、杭四局，依汲古閣《十七史》版式，分刊《二十四史》〔註158〕。

可知當時以汲古閣《十七史》之版本為最佳，故均擬依照該版式為主。惟實際各書局所依據之版本，據錢基博《版本通義》讀本第三所載：

其中金陵書局刻《史記》、《漢書》、《後漢書》、《三國志》、《晉書》、《宋書》、《南齊書》、《梁書》、《陳書》、《魏書》、《北齊書》、《周書》、《南史》、《北史》；淮南書局刻《隋書》，浙江書局刻《新唐書》，湖北書局刻《新五代史》，皆依汲古閣本。浙江書局刻《舊唐書》，則依江都岑氏懼盈齋本。而依武英殿本者，僅湖北書局刻《舊五代史》、《明史》，浙江書局刻《宋史》，江蘇書局刻《遼、金、元三史》六書而已〔註159〕！

五局合刻之《二十四史》，為儳配汲古閣合刻本，《舊唐書》採江都岑氏懼盈齋本，《舊五代史》、《明史》、《宋史》、《遼、金、元三史》共六書採殿本，其餘皆依汲古閣本。

五局合刻之《二十四史》完成後。據曾國藩〈復馬穀山制軍〉書云：

去年所刻馬、班、范、陳四史，因提調無人，至今尚未定刷印確期。本年正月，寶佩蘅索贈此書，弟許以不久寄贈，樞廷諸公同聲索取，亦皆允許，恭邸笑曰：但須寄函穀帥，便無不了之願，將來敬求閣下留意，

〔註156〕同註142，牘三，頁3686。
〔註157〕同註29。
〔註158〕同註13。
〔註159〕同註56，讀本第三，頁74～75。

裝釘五部由洋船寄京敝處，另須數部，前已函告子密矣〔註160〕！

又曾國藩〈致寶佩蘅大農〉書亦云：

> 前在樞廷，閣下談次，偶索敝處所刻《四史》，旋經函商穀山制軍，頃《前、後漢書》始刊校告成，由江南運到，謹奉上一部，餘四部即請尊處代呈恭邸、博翁、經翁、蘭翁四處，其《史記》、《三國志》俟刻成後，續行奉寄〔註161〕。

當時之京朝大官，紛紛索取局刻史書，以其校勘之精超過殿本〔註162〕。其以校勘精審為著，乃由於多位知名學者參與其事。以金陵書局為例，張文虎〈復鄉相侯〉云：

> 諭寧局，除《四史》外，接刊晉至隋、南北朝十一史，仁壽分校《晉書》，其《史記》始終歸文虎一人經理〔註163〕。

又張文虎《舒藝室雜著》之〈唐端甫別傳〉載：

> 六年春，曾文正公自河南還金陵，知《史記》工未竟，命文虎同校，益與君相親，乃重訂校例，……君分校《晉書》、《南齊書》，又覆校《續漢書志》，遂以《史記札記》屬之文虎，後又與文虎同校《史記集解》單本〔註164〕。

金陵書局所刻史書，以《史記》、《漢書》、《三國志》等為張文虎所校；《史記》、《晉書》、《南齊書》、《續漢書志》等則為唐仁壽所校；《後漢書》為戴望所校。而淮南書局，則以薛壽所校之《隋書》為著，並附有薛壽之〈考異〉〔註165〕。以上所列各史書之校勘者，不僅為當時碩學俊彥，且校書態度極為認真〔註166〕，皆以校勘精密為著。

〔註160〕同註28，書札，卷三二，頁 15895～15896。
〔註161〕同註28，書札，卷三二，頁 1592。
〔註162〕同註13，頁 5。
〔註163〕同註13。
〔註164〕張文虎，《舒藝室雜著》（台北：大華出版社，民國58年），頁 165。
〔註165〕王欣夫，《文獻學講義》（台北：文史哲出版社，民國76年），再版，頁 254。
〔註166〕同註63，頁 49。

附表三：五局合刻《二十四史》之成書時間，及所依據版本

書　局	書　名	成書時間	依據版本	冊　數
金陵書局	史　記	同治五年至九年	汲古閣本	一六冊
	漢　書	同治八年	汲古閣本	三二冊
	後漢書	同治八年	汲古閣本	
	三國志	同治九年	汲古閣本	八冊
	晉　書	同治十年	汲古閣本	二十冊
	宋　書	同治十一年	汲古閣本	一六冊
	南齊書	同治十三年	汲古閣本	四冊
	梁　書	同治十三年	汲古閣本	四冊
	陳　書	同治十一年	汲古閣本	四冊
	魏　書	同治十一年	汲古閣本	二十冊
	北齊書	同治十三年	汲古閣本	六冊
	周　書	同治十三年	汲古閣本	六冊
	南　史	同治十一年	汲古閣本	三二冊
	北　史	同治十一年	汲古閣本	
淮南書局	隋　書	同治十年	汲古閣本	一二冊
	舊唐書	同治十一年	江都岑氏懼盈齋本	四十冊
浙江書局	新唐書	同治十二年	汲古閣本	四十冊
	宋　史	光緒元年	武英殿本	一〇〇冊
崇文書局	舊五代史	同治十一年	武英殿本	一六冊
	新五代史	同治十一年	汲古閣本	八冊
	明　史	光緒三年	武英殿本	八十冊
江蘇書局	遼　史	同治十二年	武英殿本	一二冊
	金　史	同治十三年	武英殿本	二十冊
	元　史	同治十三年	武英殿本	四十冊

第四章　局刻本的特性及其利用與流傳

　　清中葉，由於歷經內亂外患，典籍慘遭散佚損毀的厄運，書籍極爲缺乏。同治初年，爲因應當時社會所需，各省成立官書局，肩負起網羅散佚，精加校勘，及刊印典籍的重任。當時創設書局的地方疆臣大吏，積極提倡，大力支持，書局聘有充裕的人才及不虞匱乏的經費，使各省官書局能刊印數量龐大，品質精美，且值得信賴的典籍。本章即探討各省官書局所刻書籍（即所謂的「局本」或「局刻本」）的特性，包括局刻本內在的性質（即局刻本的特色），及局刻本外在形式的辨別（即局刻本的鑒別）。由於局刻本具備這些特性，故廣爲世人利用與收藏，得以流傳後世，由此亦可了解局刻本的重要性。

第一節　局刻本的特色

　　清中葉之內亂平定後，各省地方疆臣大吏，普設書局，刻印圖書，而造成風氣，所刻四部之書甚夥。然而，當時這些注重傳統文化的眞知灼見之士，不但提倡刻書，也多能識書，故刻書時，能夠審愼抉擇應刻之書。且所刻之書，率多經過細心校勘，選擇采訪善本之書開雕，僱用精良的刻工，所印之書，售價低廉，行銷量大，對當時社會甚有影響〔註1〕，而爲士林所稱羨，此即局刻本之特色，茲綜合各省局刻本之特色，分析歸納如次。

一、校勘精審

〔註1〕王民信，〈晚清局刻本〉，《古籍鑒定與維護研習會專集》（台北：中國圖書館學會，民國 74 年），頁 184～185。

　　凡刻書必經過以多種舊本悉心校勘之後，並在已校勘的基礎上，重新加以注釋，再督之開雕，這種刻本，必然較爲精善。局刻本，便是以此擅長，而爲當時京朝大員所重視，因而紛紛索取。一般著述論及各局刻書時，亦多以「校勘審愼，嘉惠士林良多」稱譽之。

　　各省官書局於刻印圖書時，甚爲重視書籍的校勘工作，由於經過著名學者所校勘過之書籍，必屬可靠。故各書局皆網羅當時俊碩之士，悉心謹愼的在書局中從事校勘工作。先後網羅至金陵書局參與校勘工作的人員，有汪士鐸、莫友芝、劉毓崧、張文虎、戴望、馮煦、成肇麐、趙烈文、唐仁壽、李善蘭、劉壽曾、劉恭冕、成蓉鏡等諸人〔註2〕，皆具有豐富的學養，爲一時績學之士。茲以金陵書局之張文虎爲例，其潛心實學，嗜古博覽，凡名物、訓詁、音韻、樂律、曆算均能貫通〔註3〕，其校勘工夫之精，據《清儒學案》卷一七二〈張文虎嘯山學案〉稱：「同、光以來，江左學者推爲祭酒」〔註4〕。張氏校勘《史記》時，據其《舒藝室尺牘》同治八年（1869）之〈復湘鄉相侯〉云：

> 　　上月以來，《史記·十表》陸續付刊，重寫各卷亦俱上版。……《史記》欲俟兩漢修定後餤修；以修工少好，手多則慮草率了事也！未定秋冬間能否趕印，〈校勘記〉則須全帙告成，依次細檢擬稿請正。竊思《史記》傳本承譌已久，無論本文，即三家注已如亂絲不可猝理，近世大儒著書，間有校正，不過就其所見略出數條，但論本文不及各注，今刊刻全書，祇宜取舊本之稍善者，依樣葫蘆爲力較易。縵雲侍御之議，則以刊書機會實爲難得，當略治蕪穢以神讀者，文虎等稟承此意，不揣弇陋，冀會合諸家，參補未備，求勝舊本，乃三年荏苒，刻鵠未成。人言實多，無以自解，伏讀鈞諭，但求校讎之精審，不問成書之遲速，仰見體恤，愚蒙特加慰勉，虎等敢不勉竭心力，期副盛懷，但學識寡陋，舉一漏萬，恐仍不免遺譏局外耳〔註5〕！

由此可知金陵書局於刻印《史記》時，張文虎校勘《史記》，無論本文，或三家注，均經過認眞的考索，誠屬憚智竭慮，雖荏苒三年，尚未刻印完畢，然而曾國藩仍以「但求校讎之精審，不問成書遲速」來慰勉他，亦可見當日曾氏對金陵書局校

〔註2〕請參閱本論文第三章第三節。
〔註3〕徐世昌，《清儒學案》（台北：國防研究院，民國56年），卷一七二，頁1。
〔註4〕同註3。
〔註5〕張文虎，《舒藝室尺牘》〈復湘鄉相侯〉，引自柳詒徵，〈國學書局本末〉，《江蘇省立國學圖書館第三年刊》（民國19年），頁4～5。

勘工作的期望極高。《史記》全書告成後，再依次細檢、擬稿、請正，且擬須附〈校勘記〉，以明校勘時剪裁訂正之處，可見張氏校勘極為認真負責。又見《舒藝室尺牘》中載其〈復李爵相〉亦曾云：

> 大序宣明，向來《史記》傳刻之弊，今本不得已附以札記誌之，故以弁晃全書，使讀者展卷瞭然〔註6〕。

張氏又以歷來《史記》傳刻之弊，而附札記誌之，使讀者於展卷之際，得以明瞭《史記》傳刻原委。張氏本身除了具備博學的根柢；於校勘時又能以勤快認真的態度，由張氏經常與局中友人相互參訂商討，可知其一二。據張氏《舒藝室雜著》之〈唐端甫別傳〉所載：

> 六年（1867）春，曾文正公自河南還金陵，知《史記》工未竟，命文虎同校，益與君相親，乃重訂校例，或如舊本，或刪，或改，分卷互視，遇所疑難，反覆參訂〔註7〕。

可見《史記》的校勘工作，唐仁壽亦曾參與，以二人之力分卷互視，遇有疑難之處，則反覆參考商訂。又見張氏《舒藝室雜著》載其〈答楊見山都轉書〉中所云：

> 子高所輯《管子校正》，及身授刊金陵書局，於近世諸家采掇其廣，獨未及大著，想副墨無存矣！來教論〈牧民篇〉之錯字、問字，〈乘馬篇〉之天字，〈八觀篇〉之捐字，〈侈靡篇〉之家字，敬聞命矣〔註8〕！

當時金陵書局中校勘之諸君子，均相互往來研探有疑之處，實可謂合眾人之才以從事。局刻本以校勘精審為著，自係必然。

其他如浙江書局曾任校勘工作者，有薛時雨、孫衣言、李純客、黃玄同、譚復堂、張大昌、俞樾、李慈銘、王詒壽、黃以周等；廣雅書局，有李文田、梁鼎芬、陶孝廉等碩學之士〔註9〕。其餘當時知名之士，如陳澧於廣東書局，何紹基於淮南書局亦曾從事校勘，以上所列之績學之士，均為清末名家，除其本身學養博通之外，對校勘書籍，更是經驗豐富，故所校勘之書，為學林信賴。各局於刻印書籍之時，均知刻印書籍校勘工作之重要，因而延攬學者從事校勘，如四川書局即以「延訪宿學，詳細校刊」〔註10〕；山西書局亦以「選派曉暢經史正佐各員，……

〔註6〕同上註。
〔註7〕張文虎，《舒藝室雜著》（台北：大華出版社，民國58年），頁165。
〔註8〕同上註。
〔註9〕同註2。
〔註10〕軍機處摺件，一〇八三七七號，吳棠，〈設局刊刻書籍由〉，同治十年七月五日。

悉心讎校」〔註11〕；福建正誼書局亦「錄選舉貢百餘人，月給膏火，分班校拔」〔註12〕，由此可見各局對選取校勘人員的重視。

各書局除重視優秀的校勘人才外，對據以校勘之底本亦甚為注重，故需選擇精善的校刊本，方能相得益彰。如浙江書局所刻之書，多藉丁丙、丁申「八千卷樓」家藏之珍本，以之互校，故浙江書局之刻本，能以精好著聞於海內，實有其原由〔註13〕。又金陵書局所刻印的《史記》，唐仁壽與張文虎協同校勘時，亦用錢泰吉所校之本，故以考訂精審著稱〔註14〕。由此可知，各書局均深悉使用精善本校勘的重要，故局刻本之以校勘精審見重學林，誠屬實至名歸。

二、訪求善本

張之洞《書目答問》略例謂：「讀書不知要領，勞而無功。知某書宜讀而不得精校精注本，事倍功半〔註15〕。」讀書宜選求善本，方可事倍功半，可見版本至為重要，而版本之善與不善，乃是比較而來。張之洞以「善本」之義有三：一曰「足本」（無缺卷、未刪削），二曰「精本」（精校精注），三曰「舊本」（舊刻、舊抄）。其實最主要的，尚有是否曾經過精細的讎校。書籍經過多次的傳寫及刊印，脫文訛字，乃在所難免。然善本必是錯訛之處較少者，故於刊印書籍時，更應選取善本，除了提高所刻書籍之價值外，亦不致貽誤學者。

各省官書局於刻書時，對善本書籍的訪求，極為重視。如李鴻章於湖北書局刻印圖書時，即謂「節經訪覓善本，次第開雕」〔註16〕；又馬新貽於浙江書局之刻書，亦以「隨時訪取善本，陸續發刊」〔註17〕。由此可見，各局於刻書時，極為重視版本的好壞，均擬訪覓善本後再開雕。

至於各書局傳刻書籍，以版本較為著名者，有浙江書局彙刻之《二十二子》，據錢基博《版本通義》謂：「世德堂素稱佳刻，然未若浙江書局彙刻《二十二子》

〔註11〕蕭榮爵，《曾忠襄公（國荃）奏議》，《近代中國史料叢刊》（台北：文海出版社，民國67年），卷十三，頁1220～1221。

〔註12〕陳弢，《同治中興京外奏議約編》，《近代中國史料叢刊》，第一二八冊（台北：文海出版社，民國67年），卷五，頁414，〈閩省建設書院疏〉。

〔註13〕徐珂，《清稗類鈔》（台北：台灣商務印書館，民國55年，台一版）。

〔註14〕同註3，卷一四三，頁29。

〔註15〕張之洞，范希增補正，《書目答問補正》（台北：新興書局，民國63年），略例，頁3。

〔註16〕李鴻章，《李文忠公全集》（台北：文海出版社，民國57年），頁523。

〔註17〕王錫蕃校，《馬端敏公（新貽）奏議》，《近代中國史料叢刊》，續編第一八輯第一七一冊（台北：文海出版社，民國71年），頁370。

之出清儒讎校本〔註18〕。」可見浙江書局所刻《二十二子》的版本非常好,且各書的卷端多署明根據某本傳刻,茲錄各書所據版本於後,以資爲證:《荀子》、《薰、賈》皆謝墉盧文弨本,《法言》秦恩復本,《中說》明世德堂本,《老子》華亭張氏本,《文子》聚珍本,《管子》明道用賢本,《孫子》孫星衍十家注本,《商君書》湖州嚴萬里本,《韓非》吳鼐顧廣圻本,《墨子》畢沅孫星衍本,《呂氏春秋》畢沅本,《淮南子》莊逵吉本,《尸子》汪繼培輯本,《晏子春秋》孫星衍本,《列子》、《莊子》世德堂本,《黃帝內經》明武陵顧氏景宋嘉祐本,《山海經》畢沅本,《竹書紀年》徐文靖本,《孔子集語》孫星衍輯本等〔註19〕,均爲著名之精善本。

　　曾國藩以金陵書局雖已刻印讀本之《十三經》,然尚未議刻爲學問根底之《十三經注疏》,便擬訪覓殿本之《十三經注疏》爲底本,曾氏〈復何子貞〉之書札提及:「此間書局所刻《十三經》,不過便初學讀本,尚未議刻註疏,……惟底本須用殿本,而殿本初印者,絕少舊家有此,又自珍惜,未必肯借置局中,俟覓得善本可以借局者,即當試行寫刻〔註20〕。」曾氏認爲《十三經注疏》之版本,以殿本爲善,便擬積極訪覓殿本後,方行刻印,可見重視版本的選擇。

　　曾國荃於山西書局釐定的章程中,便曾列入徵求善本書籍之條件,以若有善本發刻者,則致贈初印之數部爲奉酬,據曾氏〈致閻丹初〉書札即曾載:「書局定章,如有善本發刻,核對既定,將來即以初搨數部奉酬,仍以原書奉繳〔註21〕。」見曾氏之〈設立書局疏〉中云:「奏爲晉省設立書局,先刻善本《四書》、《六經》,以便士民〔註22〕。」曾氏刻印《四書》、《六經》,所據以刊印之善本,乃爲山東丁稚翁刊本爲底本,又見其〈致閻丹初〉書札中云:「書局先刻《四書》,次刻《六經》,先擬仿山東丁稚翁刊本,其餘尚未求得善本〔註23〕。」由此可證必擇善本開雕,爲當時各省書局刻書之要件。

　　廣雅書局所刊印之書,其中以《史學叢書》著稱海內,它的特色,乃在採用極有價值的未刊手稿或罕見版本,其中不乏海內孤本,據丁丙《善本書室藏書志》卷六《三國志注補六十五卷》〈東潛趙氏稿本〉條下云:

〔註18〕錢基博,《版本通義》,《書目類編》,第八八冊(台北:成文出版社,民國67年),頁80～81。

〔註19〕同上註。

〔註20〕曾國藩,《曾文正公全集》(台北:文海出版社,民國63年),書札,卷三三,頁15978。

〔註21〕蕭榮爵,《曾忠襄公(國荃)書札》,《近代中國史料叢刊》(台北:文海出版社,民國67年),卷一二,頁1255～1256。

〔註22〕同註11,卷一三,頁1217,〈設立書局疏〉。

〔註23〕同註20。

光緒十四年（1888），南皮張尚書之洞督兩廣，設廣雅書局，編刊
《史學叢書》。會稽陶孝廉濬宣，假是稿本攜粵，以全志繁重，節補注壽
之汗青，跋其事於卷端〔註24〕。

又如廣雅書局之翻印《武英殿聚珍版叢書》一四八種，亦爲選擇精善版本刊印之
例證。

三、內容值得信賴

各省官書局，多由各省督、撫等地方官吏成立，聘請官紳主持局事，這些人
員皆重視傳統文化，且爲一時績學之士，故選定刻印之書，多屬於啓蒙、應試、
日常生活用書等，十之七八爲內容豐實的書籍。況且各局刻書，或爲敦實學以養
眞才，或爲端吏治而正人心，或爲轉移風俗人心，或爲培育人才，或爲振興文教，
或爲嘉惠儒林，或爲廣流傳。總而言之，即以教化爲目的，故各省書局所刻書籍
之內容，確實值得信賴。茲以張之洞〈開設書局刊布經籍摺〉中對設廣雅書局刻
書的目的爲例。茲錄於下：

臣等海邦承乏，深惟治源亟宜殫敬勸學之方，以收經正民興之效。

此外，史部子部集部諸書，可以考鑑古今，裨益經濟，維持人心風俗者，

一併蒐羅刊播〔註25〕。

張氏之設書局刊布經籍，乃以興學爲要務，致用爲本源，既在收經正民興之效果，
亦在維持人心而厚風俗，故他所選刊之圖書，內容必定值得信賴。

歷代官府刻書，向來特色之一，便是它的內容必定是側重於正經、正史，或
是欽定、御批之類的書籍，局刻本自不例外，各省書局刻印書籍的重點，雖爲當
時所急需且實用之書籍〔註26〕，然絕少刊印離經叛道、邪說傳奇之類書籍，故就
其所刊印書籍之內容而言，確實可推廣，有輔翼教化之功用。因之各省局刻本皆
可視爲優良讀物。

四、價廉易購

各省設書局刻印圖書，實爲敦厚教化，故須廣爲流布，裨使士子易於購求，使

〔註24〕丁丙，《善本書室藏書志》，四十卷，《書目叢編》（台北：廣文書局，民國56年），
卷六，頁304。
〔註25〕張之洞，《張文襄公全集》（台北：文海出版社，民國59年），卷二三，奏議二三，
頁1837～1839。
〔註26〕參閱本論文第三章第三節。

家有其書，人手一本，便於誦習，而達到作育人才的目的。因此，各局所刊印書籍之售價，均極爲低廉，以利於推廣。據龍起瑞《經籍舉要》中稟請督憲頒發局刊書；附募捐書籍并藏書規條中載有：「《四史》局價甚廉（金陵書局《史記》錢參串貳百，兩《漢》錢陸串，《三國》錢壹串捌百），須各置一部，或數人分買，傳觀亦可〔註27〕。」可見金陵書局出售之《四史》，價格甚爲合理，又爲方便貧寒士子購求，對於大套的叢書，亦印成單行本，分別出售，以減低所需用書之價格〔註28〕。

浙江巡撫馬新貽，期使浙江書局最先刊印之欽定七經等書，易於流傳，乃從減低刊印之成本著手，馬氏〈設局刊書疏〉中明言：「再從前欽定諸經，卷帙潤大，刷印工價浩煩，寒士艱於購取，臣此次刊刻，略將板式縮小，行數增多，以期流傳較易，庶幾家有其書，有裨誦習〔註29〕。」馬氏減低成本之方式，乃於鋟木之初，將原本縮小版式，增多行字，以便寒士易於購買以誦習之。

各省官書局刻書所使用之紙張，亦影響及於書籍之售價，從朱士嘉《官書局書目彙編》著錄九所官書局書目中所記載〔註30〕來看，江蘇書局所刊印的每種書籍，幾乎均用二種或二種以上不同的紙張刷印，價格也略有出入。如蘇局刊印之《易經要義》用連史紙（售洋一元八分四釐）、賽連紙（售洋八角三分五釐）、毛太紙（售洋價六角八分三釐）；又五局合刻之《二十四史》使用的紙張，亦有粉連紙與賽連紙的不同，使用的紙張不同，價格亦異，想必亦是便於寒士購求，以期廣爲流通。

五、刊工精良

技術精良的刻工，必會影響書籍內容的良窳，及版式的美觀，金陵三山街爲明代刻書者所集聚之處。清中葉，該處隨曾國藩刻書，而卓然有名之刻工，則爲秦狀元巷之李光明，故江南官書局所刻之書，皆出於李氏之手〔註31〕。

清末零陵艾作霖亦以精工著稱，曾爲曹鏡初於傳忠書局校刻《曾文正公遺書》及釋藏經典，傳忠書局撤除後，遂轉於思賢書局繼續從事刻書的工作〔註32〕。

〔註27〕龍起瑞，《經籍舉要》，《書目類編》，第九二冊（台北：成文出版社，民國67年），頁41616。
〔註28〕同註1，頁185。
〔註29〕同註19。
〔註30〕朱士嘉，《官書局書目彙編》，《中國圖書館協會叢書》，第七種（北平，中華圖書館協會，民國22年）。
〔註31〕盧前，〈書林別話〉，《書林掌故》，（香港：中山圖書公司，1972年），頁9。
〔註32〕葉德輝，《書林清話》（台北：世界書局，民國72年），卷九，頁254。

曾國藩曾以「刻字法式」四條，訓戒刻工，以獎懲來達到鼓勵的方式，乃在要求他們刊刻技術之精進。

第二節　局刻本的鑑別

自印刷術發明後，書籍經過歷代的流傳及轉刻，於是一書往往產生許多不同的版本，又各代因當時時尚的不同，也各具特徵，逐漸造成版本互有優劣之別，因此版本鑑別的方法，於焉產生。據孫從添《藏書紀要》第二則〈鑑別篇〉載：

> 夫藏書而不知鑑別，猶瞽之辨色，聾之聽音。雖其心未嘗不好，而才不足以濟之。徒爲有識者所笑，甚無謂也。如某書係何朝何地著作？刻於何時？何人翻刻？何人抄錄？何人底本？何人收藏？如何爲宋元刻本？刻於南北朝何時何地？如何爲宋元精舊抄本？必須眼力精熟，考究確切。再於各家收藏目錄、歷朝書目類目、總目、讀書志、敏求記、經籍考、誌書、文苑誌、二十一史書籍志、名人詩文集書序跋文內。查考明白，然後四方之善本、秘本，或可致也。

孫氏以爲鑑別版本時，對書籍本身應具備精熟之眼力，始能確切考究之外，尚須參考各種文獻上的記載，酌加考訂。他提出之鑑別版本的方法，以宋刻本爲例：

> 鑑別宋刻本，須看紙色、羅紋、墨氣、字畫、行款、忌諱字、單邊、末後卷數不刻，末行隨文隔行刻。又須將眞本對勘乃定。如項子京《蕉窗九錄》，薰文敏《清秘錄》，講究宋刻，僅舉其大略耳。近又將新翻宋刻本，去其年月，染紙色。或將舊紙印本，僞作宋刻，甚多。若果南北宋刻本，紙質羅紋不同，字劃刻手，古勁而雅，墨氣香淡，紙色蒼潤，展卷便有驚人之處〔註33〕。

此處孫氏所言，大抵辨別舊刻本，可從書籍本身之字體、版式、行款、紙張、刻工、避諱字、墨色等項目的特徵，仔細鑑定分辨之。

各省官書局刻本，乃爲清末之刻本，首先綜合有清一代刻本之特徵，以爲輔助鑑別局刻本之佐證。

清代版刻字體：清初刻書字體，沿明末舊規，字形長方，橫細豎粗，即一般人所謂之宋體字。康熙以迄乾隆，除精刻本使用軟體字（依名家手寫原稿上版之

〔註33〕孫從添，《藏書紀要》，《書目續編》，第七冊（台北：廣文書局，民國57年），頁5～15。

字體）外，大都以宋體字爲主，它的字畫橫輕垂重，撇長而尖，捺拙而肥，右折橫筆粗肥；咸豐後所有刻書，幾乎盡用宋體字。

清刻本之版式：它的最大特徵，大多在版心上方記書名，版心下方記出版者；版框則以左右雙欄佔多數，四周雙欄式單欄者較少；又版心以白口爲多，然也有少數黑口者；就魚尾而言，則單魚尾較雙魚尾爲多；書前的書名頁多刻有三行字，中間是書名，字體較大，右行刻編著者，左行則署刻書家或藏版者，又在書名頁之背面，雕印木記以詳載刊板年代及出版者等。

清代印書用紙：清代印書用紙，品類繁多，有開化紙、棉紙、官堆紙、連史紙、賽連紙、粉連紙、玉版宣紙、棉連紙、竹紙、毛邊紙、毛太紙、宣紙等。

裝訂：清代書籍裝訂的方式，採用線裝者爲多。

至於各省局刻本之特徵，它的字體、版式、及裝潢均與一般的清刻本並無顯著的差異。使用刊印書籍的紙張，據朱士嘉《官書局書目彙編》〔註34〕著錄各書資料，試爲統計分析各省局刻本之用紙。統計的結果，則知當時各省官書局刊印圖書，並無專用某種紙張的例子，且往往刊印一書，亦有使用二種或二種以上不同的紙張刷印，故亦無法以紙張爲鑑別各省局刻本之證據。

由於各省局刻本，它的字體、版式、裝潢及紙張，並無可資辨別的特徵，無法統計歸納爲一種獨特鑑定局刻本的依據，甚至同一書局刊印之書，亦無例可循，茲以浙江書局同治年間所刊印二種書籍的版式爲例：

一、《說文解字義證》五十卷　清桂馥撰　清同治九年湖北書局刊本〔註35〕
　　此書之版心爲花口，上記書名，魚尾下記卷數，版心下記頁碼，版框爲四周雙欄，單魚尾，書高 26.8 公分，寬 15.5 公分。

二、《資治通鑑》二百九十四卷，附《通鑑釋文辨誤》十二卷　宋司馬光撰　元胡三省注清同治十年湖北崇文書局刊本〔註36〕
　　此書之版心爲黑口，上魚尾下記書名卷數，下魚尾下記頁數，版框爲四周雙欄，雙魚尾，書高 26.2 公分，寬 17.5 公分。

故辨別各省局刊本時，若以上述清代刻本之各項特徵爲基礎，再輔以版權頁（即書名頁之背面）雕印之本記，及本書所錄「各省官書局一覽表」以爲參考，則各書刊印之時間及書局名稱不難考知。

〔註34〕同註 30。
〔註35〕桂馥，《說文解字義證》，五十卷（清同治九年湖北書局刊本）。
〔註36〕司馬光撰，胡三省注，《資治通鑑》，二百九十四卷附《通鑑釋文辨誤》十二卷（清同治十年湖北崇文書局刊本）。

附表四：九所官書局之刊書用紙〔註37〕

局　　名	刊 印 用 紙
江南書局	官堆、杭連、賽連、粉連
淮南書局	官堆、賽連、杭連
江楚書局	官堆、杭連、賽連
江蘇書局	連史、賽連、毛太、粉紙
浙江書局	泰順、官堆、連史、賽連、鉛印洋連
山東書局	粉連、毛邊、粉紙、竹紙、杭連、官堆、白紙
湖北書局	竹連、官堆、白宜紙、粉連
山西書局	毛邊、杭紙
廣雅書局	本槽、南扣、南山、山貝

第三節　局刻本的利用與流傳

　　當時各省官書局所刻圖書，數量大、品質佳、種類多，由前述局刻本的特性，可見一斑。各省官書局之刻印圖書，主要是應社會急需，便於士子研讀利用，以達到振興文教，培育人才的目的。鮑源深曾建議各省官書局刊印之書籍，應頒發給各學，並准坊間書肆刷印，廣爲流傳。據鮑氏〈請購刊經史疏〉云：「以上各書請旨敕下各撫藩，先行敬謹重刊，頒發各學，並遵舊例，聽書估印售，以廣流傳。」〔註38〕又李鴻章於湖北設書局刻書，李氏〈設局刊書摺〉中亦云：「俟各書刻成之日，頒發各學、書院，並准窮鄉寒儒、書肆賈人，隨時刷印，以廣流傳。」〔註39〕可見當時各省書局刊布書籍，皆首先頒發給各學及書院，以供士子利用，又准窮鄉寒儒及書肆之出版商隨時刷印，廣爲流傳。

　　局刻本，除上述各省官書局頒發各學及書院以資利用，及鼓勵書肆翻印，便於流通外，亦爲其他各書院及圖書館等樂於徵集的藏書，由此可證明局刻本的精良，此亦達成利用、收藏、及廣爲流傳的功用。茲分述如下：

〔註37〕此據朱士嘉，《官書局書目彙編》著錄各書局刊印各書紙張，試爲統計整理。
〔註38〕同註12，頁375，〈請購刊經史疏〉。
〔註39〕李鴻章，《李文忠公全集》（台北：文海出版社，民國57年），奏稿十五，頁523，〈設局刊書摺〉。

　　書院爲士人讀書之所，而書籍爲士人向學之工具，故書院必廣爲搜羅典籍，以供學者閱覽之用。班書閣之〈書院藏書考〉中，以書院書籍之來源，有御賜或頒發、官吏之捐置、私家之捐置、及官吏向各官書局之徵集等項〔註40〕。其中向各官書局之徵集，茲以京師之金臺書院藏書來源爲例。據光緒五年（1879），畢道遠、周家楣之合奏云：

　　　　金臺書院，夙無藏書，爲多士計，自宜廣儲典籍，以備研磨。近年
　　以來，若江蘇、江寧各省城，及揚州府、浙江、湖北、江西、四川、廣
　　東各省城，均設有書局，刊印諸書，各極精良，洵稱美富。……可否由
　　臣等分咨兩江、兩湖、兩廣、四川、閩浙總督，江蘇、江西、湖北、浙
　　江、廣東巡撫，於各書局中，凡經刊印之書，每書檢備一部，開具目錄
　　裝箱，就水程運送……由臣衙門派員往運來京師，存金臺書院，署籤列
　　架，分類別門，用備肄業諸生研精致用之具〔註41〕。

金臺書院以各省所設書局刊印之諸書，均極爲精良，洵稱美富，故擬分咨各省督、撫，彙請送至京師之金臺書院，供其貯存，以資士子應用。《光緒朝東華錄》光緒八年（1882）六月亦載：「以新修京師金臺書院成，徵南省各書局書籍〔註42〕。」可知當日確曾徵集各省官書局之圖書，以入藏金臺書院。

　　左宗棠從江蘇學政黃體芳所倡，江陰創建經古書院，名曰南菁，乃仿詁經精舍之例，專爲傳授經史之課業，惟經費不足，無法完成。左氏乃奏請撥款接濟，並籌措一筆可供常年開銷的膏火之資。據《光緒朝東華錄》光緒九年（1883）十二月條載：

　　　　臣以學臣倡建書院，係爲惠嘉士林起見，用意深遠。……一面咨會
　　凡有書局省分，將局刻官（書）備一部，解發書院存儲，俾學者得資繙
　　閱〔註43〕。

左氏除捐廉俸佐助書院工料之費外，並請兩淮運司提銀二萬兩，交由江陰縣發商生息，以爲膏火之資。且咨會各設有書局之省分，提供局刻書籍乙部，備其貯存，以爲學者繙閱誦習之用。

〔註40〕班書閣，〈書院藏書考〉，《國立北平圖書館館刊》，第五卷第三期（民國2年7月），頁58～62。
〔註41〕李鴻章等重修，黃彭年等纂，《光緒畿輔通志》（光緒十年刊本），卷一百十四，頁14。
〔註42〕王先謙、朱壽朋等纂修，《光緒朝東華錄》（台南：大東書局，民國57年），頁1337，光緒八年六月。
〔註43〕同註42，頁1610，光緒九年十二月。

　　陝甘總督陶模，以甘肅省書籍缺乏，擬咨取各局刻印之書，以充實書院之收藏。光緒二十三年（1897）四月二十四日，其奏云：

> 今時局不同，需才甚急，非大興學校，無以爲求才之本，非廣購書籍，無以爲興學之資，惟有購置古今中外有用書籍，藏之書院，朝夕瀏覽，識見既擴，才智漸生，風氣一開，則學校之興，人才之盛，必有進而益上者。……臣等咨取京師官書局、同文館、及各省局印官書，擇其有裨實用者，設法運送來甘，以備士子觀覽〔註44〕。

陶氏以古今中外有用之書，應藏於該省之書院，故擬咨取各省局印官書，以備士子觀覽。

　　光緒二十二年（1896）五月初二日，刑部侍郎李端棻奏請「推廣學校，以勵人才」，其以建設新政之五端爲：一、設藏書樓；二、創儀器院；三、開譯書局；四、廣立報館；五、選派遊歷。其中設藏書樓款。據《光緒朝東華錄》光緒二十二年（1896）五月條其奏云：

> 設藏書樓，好學之士，半屬寒畯，購書既苦無力，借書又難其人，坐此孤陋寡聞，無所成就者，不知凡幾。……自京師及十八行省省會，咸設大書樓，調殿板及各官書局所刻書籍，暨同文館、製造局所譯西書，按部分送各省以實之。……古今中外有用之書，官書局有刻本者居十之七八。每局酌提數部分送各省，其費至省，其事至順，一奉明詔，事即立辦，而飼遺學者，增益人才，其益蓋非淺鮮也〔註45〕。

李氏所擬設立之藏書樓，即爲近代圖書館之先河，其以官書局所刻圖書，十之七八皆爲古今中外有用的書籍，故以此充實藏書樓。

　　光緒三十一年（1905），科舉廢後，學堂紛紛成立，圖書館事業也於此時開始萌芽，各類型的圖書館次第興起。據《政治官報》所載，自光緒三十四年（1908）以迄宣統二年（1910），各省督、撫上奏摺以設立圖書館者有：黑龍江巡撫周樹模建黑龍江圖書館，兩江總督端方於江寧省城創建圖書館，浙江巡撫增韞創建圖書館，山西巡撫寶棻創設圖書館，雲貴總督沈秉堃籌設圖書館，學部籌建京師圖書館，陝西巡撫恩壽建置圖書館，歸化城副都統三多創辦歸化圖書館，廣西巡撫張鳴岐設圖書館等〔註46〕，這些圖書館的成立，收藏圖書的來源，均於奏摺中擬調

〔註44〕軍機處摺件，一三八九一三號，光緒二十三年四月二十四日。

〔註45〕同註42，頁3773～3776，光緒二十二年五月。

〔註46〕清政務處憲政編查館編，《政治官報》（台北：文海出版社影印，民國54年），摺奏類，光緒三十四至宣統二年。

取各省官書局刊印之圖書爲主，由此可知官局刻本，爲新起圖書館藏書的基礎。

　　上述各書院、藏書樓及圖書館，它們收藏圖書的目的，爲供讀者利用，亦兼及圖書的保存及流傳。當時皆以局刻本爲徵集藏書的重點，可見局刻本達到書籍利用及流傳的功能。

第五章　各省官書局之停辦與沒落

　　清末自鴉片戰爭後，中國屢受列強的侵略，朝野上下漸漸瞭解中國固有的體制，不足以應付新的變局，於是從外患的教訓中，便有了效法西洋文明的革新運動。早期有魏源及林則徐的倡導，然並無顯著的改變。英法聯軍之役以後，清廷深感外交及翻譯人才的缺乏，加上太平天國動亂的末期，列強協助清廷剿滅洪亂，清廷對西洋武器的堅利，更有進一步的認識，當時幾位開明的疆臣，如曾國藩、李鴻章等，均提倡新法，舉辦新政。而新政的要點，便是培養外交人才及仿西法製造船砲。

　　由於籌辦新政的疆臣，只知仿造船砲，而極少注意到西洋的政治及教育制度，以求根本的改革，終於在甲午之戰中，竟為後起小國日本所敗，若干士大夫，始知非革新政治不足以圖存。然由於新舊兩派人士的衝突，遂造成光緒二十四年（1898）的「戊戌政變」。

　　至此，清室開始頒行新政，當年重要的措施可釐析為選舉及教育、政治、軍事、實業等方面。其中選舉及教育方面為：廢八股文，考試經義策論，於京師設大學堂，書院分別改為學堂，並令兼習中西學術等；政治方面則為：撤銷閒散衙門，裁汰冗官，澄清吏治等。這些方面的措施對各省官書局影響甚鉅，也逐漸造成了各省官書局停辦與沒落，茲分述其原因：

一、廢科舉，興學堂，新學萌芽，舊籍被輕視而書局漸沒落

　　光緒三十一年（1905），直隸總督袁世凱，會同盛京將軍趙爾巽、湖廣總督張之洞、兩江總督周馥、兩廣總督岑春煊及湖南巡撫端方，以「科舉之弊，古今人言之綦詳，而科舉之阻礙學堂，妨誤人才，……」奏請即刻停止科舉，以廣立學

堂〔註1〕。其在〈立停科舉，以廣學校〉摺中云：

> 前奉諭旨，遞減科舉中額，期以三科減盡，十年之後，取士概爲學
> 堂，固已明示天下以作新政之基。而徐俟夫時機之至，所以爲興學培才
> 計者，用意至爲深遠。臣等默觀大局，熟察時趨，覺現在危迫情形，更
> 甚曩日，竭力振作，實同一刻千金。而科舉一日不停，士人皆有僥倖得
> 第之心，以分其砥礪實修之志。……就目前而論，縱使科舉立停，學堂
> 徧設，亦必須十數年後，人才始盛；如再遲十年甫停科舉，學堂有遷延
> 之勢，人才非急切可求，又必須二十餘年後，始得多士之用。

此乃奏請應即刻停廢科舉，方得急切求得人才。又云：

> 且設立學堂者，並非專爲儲才，乃以開通民智爲主，使人人獲有普
> 及之教育，具有普通之智能，上知效忠於國，下得自謀其生也。……無
> 地不學，無人不學。以此致富奚不富，以此致強奚不強。……故欲補救
> 時艱，必自推廣學校始；而欲推廣學校，必先自停科舉始〔註2〕。

清廷接受袁氏等人之議，乃諭令「科舉不停，民間率相觀望，欲推廣學堂，必先
停科舉〔註3〕。」故在推廣學堂的條件下，停辦科舉。

科舉廢後，學堂興起，其目的多爲肄習西學，新學正式教科書逐相繼出現，有
由學堂自編應用者，有由私人編輯者，有由書商發行者，有由日本教科書直譯者。
在商務印書館未成立前，早期教科書之出版以文明書局爲最多，廣益書局次之。以
後，各學堂之教科書，則大多爲商務印書館所出版〔註4〕。至此，出版業的重心已
漸次移至民營之書局，各省官書局在出版界遂退居次要地位。由此可知，各省官書
局刻印之圖書，已不足以應付新時勢及新教育之需，是爲肇致沒落的主因。

二、各省官書局，在政府刪減裁併的政策下停辦

葉德輝《書林清話》卷九載：「自學校一變，而書局并裁」〔註5〕，由此可見
書局併裁的原因之一，與學制之變革有關。

〔註1〕沈桐生，《光緒政要》，《近代中國史料叢刊》，第三五輯第三四五冊（台北：文海出
版社，民國67年），卷三一，頁2153～2158，光緒三十一年八月。

〔註2〕同註1。

〔註3〕《大清德宗光緒皇帝實錄》（台北：華聯出版社，民國53年），卷五四八，頁5034，
光緒三十一年八月。

〔註4〕〈教科書之發刊概況，1868～1918年〉，《中國近代出版史料初編》（北京：中華書
局，1957），頁219～220。

〔註5〕葉德輝，《書林清話》（台北：世界書局，民國72年），卷九，頁254。

　　各省官書局裁併的最早記載，爲光緒六年（1880）三月，據王定安《曾忠襄公（國荃）年譜》中載：「晉省各局分四端，吏治局五，……軍務局四，……文教局二，曰濬文書局，曰通志局。……因賑務新設局三，……至是公遵旨裁，……書局併入通志局，……〔註6〕」山西省濬文書局併入通志局，其裁併應與經費有關。

　　光緒十年（1884）九月初五日，慈禧太后以軍餉亟爲緊要，應如何預爲籌畫乃令軍機大臣、戶部總理各國事務衙門大臣及醇親王等一併妥爲謀議並具奏，據《光緒朝東華錄》載戶部之覆奏云：

　　　　　查本年六月間，據御史吳壽齡奏請裁撤各省各局等因。當經戶部會同吏部議覆，查各省散置各局，已報部者。……於地方則有……刊刻刷印書局，……其未經報部者尚不知凡幾，……各局林立，限制毫無，究其實事，一無成效，該管上司不過見好屬員，公款盈虛，在所不計，種種消耗，何所底止？請旨飭下各直省將軍督撫府尹等詳議章程，減定局數員數。……本年十一月，已令各省督撫將該省局裁併，酌定員數薪水，破除情面，嚴定章程，實力整頓〔註7〕。

由於當時抵抗外患的侵略，軍餉緊要，乃飭令由各大臣議謀籌措經費，其據御史吳壽齡之奏以各省所設各局名目繁多，應可裁併，以節省經費，以接濟餉需。又光緒十一年（1885）八月《大清德宗光緒皇帝實錄》中亦載：「至各省紛紛設立各局，如……地方事宜，則有……刊刻書局，……等局，種種名目，濫支濫應，無非贍徇情面，爲位置閒員地步，……尤應一併大加裁汰，……」〔註8〕可見大加裁併各局，乃爲當時朝廷之政策，其中書局亦爲所擬需裁併者。

　　光緒二十四年（1898），清廷頒行新政，便擬有撤銷閒散衙門及裁汰冗官等措施。是年七月二十四日，劉坤一奉上諭，以「各省設立辦公局所，名目繁多，無非爲位置閒員地步，薪水雜支，虛糜不可勝計，著各督撫將現有各局所中冗員一律裁撤淨盡，限一月覆奏。」劉氏於九月之覆奏云：「金陵、淮南兩書局裁撤，員司責成兩淮運司及江寧府分別管理。」〔註9〕可知金陵、淮南兩書局，係在朝廷的政策下所裁撤。

〔註6〕王定安，《曾忠襄公（國荃）年譜》，《近代中國史料叢刊》，年譜傳記類（台北：文海出版社，民國61年），卷三，頁128。

〔註7〕王先謙、朱壽朋等纂修，《光緒朝東華錄》（台南：大東書局，民國57年），頁1845～1846，光緒十年十二月。

〔註8〕同註3，卷二一四，頁1986～1987，光緒十一年八月。

〔註9〕同註7，頁4210，光緒二十四年九月。

　　光緒二十四年（1898）八月，據《諭摺彙存》載山東巡撫張汝梅之奏云：「山東省，因海防、洋債、河工、災賑四者兼籌，庫空如洗，屢次裁併各局，力求撙節，如……書局、通志併爲一局〔註10〕。」亦因撙節經費，而將書局與通志局合併。

　　以上所述各局之裁併或裁撤，雖爲朝廷之政策，然最主要的原因，乃爲節省經費。其中官書局與通志局合併爲一者，由於通志局向爲修志而暫設之局，通志告成，即無所事矣！若志局一撤，書局亦將告結束。

三、建立刊印新學書籍之官書局

　　光緒二十一年（1895）康有爲、梁啓超成立強學會，於城南之孫公園，作爲諸京官講求時務之地，此乃模仿英美教士所成立的廣學會，此等學會在西洋雖已成習俗，在中國仍屬創見，後改爲強學書局，購置印刷機器，創設報章。雖在同年十二月間，被御史楊崇伊奏請封禁，幸而言官多上疏力爭。光緒二十一年（1895）十二月二十二日，例如御史胡孚宸上〈書局有益人才，請飭籌議以裨時局〉一摺云：

　　　　查原奏内稱：京師近日設有強學書局，經御史楊崇伊奏請封禁，在
　　朝廷預防流弊，立意至爲深遠。惟局中所儲藏講習者，首在列聖聖訓及
　　各種政書，兼售同文館、上海製造局所刻西學諸書，繪印輿圖，置備儀
　　器，意在流通秘要圖書，考驗格致精蘊，所需費用，皆捐資集股，絕無
　　迫索情勢；所刻章程，尚無疵謬。此次封禁，不過防其流弊，並非禁其
　　向學。倘能廣選賢才，觀摩取善，此日多一讀書之士，即他日多一報國
　　之人，收效似非淺鮮。請旨飭下總署及禮部各衙門悉心籌議；官立書局
　　選刻中西各種圖籍，任人縱觀，隨時購買，並將總署所購洋報選譯印行
　　以擴見聞，或在海軍舊署開辦〔註11〕。

御史胡孚宸奏請，爲培養人才，應將強學書局改爲官辦書局，並選刻中西各種圖籍及洋報刊印，以廣見聞。經總理各國事務衙門之大臣商議後，其奏云：

　　　　臣等公共商酌，擬援照八旗官學之例，建立官書局，欽派大臣一二
　　員管理，聘訂通曉中西學問之洋人爲教習，常川住局，專司選譯書籍、

〔註10〕《諭摺彙存》（台北：擷華書局，民國 56 年），頁 6912，光緒（戊戌）二十四年八月八日。

〔註11〕同註 7，頁 3721，光緒二十二年正月。又毛佩之，《變法自強奏議彙編》，《近代中國史料叢刊》，續編第四八輯（台北：文海出版社，民國 71 年），卷二，頁 61～62。又張靜廬，《中國近代出版史料初編》（北京：中華書局，1957 年），頁 45～47。

各國新報及指授各種西學，並酌派司事譯官收掌書籍，印售各國新報，

統由管理大臣總其成，司事專司稽察〔註12〕。

乃擬照八旗學官之例，建官書局，專司選譯書籍，並印售各國新報。同時，新設官書局，著派孫家鼐管理。孫氏乃擬定開辦章程，據沈桐生《光緒政要》光緒二十二年（1896）正月載：

> 家鼐受任後，因朝夕籌思，且與原辦書局諸臣，悉心籌度，擬就開辦章程七條，一藏書籍擬設藏書院，……一刊書籍，擬設刊書處，譯刻各國書籍，舉凡律例、公法、商務、農務、製造、測算之學及武備、工程諸書，凡有益於國計民生與交涉事件者，皆譯成中國文字，廣為流市。一備儀器，擬設游藝院，……一廣教肄，擬設學堂，……一籌經費：……一分職掌：……一刊印信：……〔註13〕。

孫氏擬定之開辦章程，其中刊書籍項下，建議於官書局之下設刊書處，且擬刊印之書，以譯刻各國書籍為主，此乃時勢所趨，必然如此也。此後，官辦之書局，尚不止此一所，他如譯書局、印書局等亦屬之，且此官書局，亦即為京師大學堂之前身。至於此類官書局與同治間所設之各省官書局，雖均為官府設立，名稱雷同，甚易混淆，然此局設立之目的及刻書之性質，與本論文探討之各省官書局，卻大異其趣也！

四、新式印刷術的興起

我國自古出版事業，向以木雕為主。自鉛印、石印傳入中國後，從此風行一時，幾乎取代傳統木刻，而使雕版事業日趨式微。且在世界潮流的趨勢下，鉛印、石印法，本身亦具有省工、省費、排板速、成書便及可印行多次的優點，故為出版業者所易接受。

其次，便是刻工的式微，據葉德輝《書林清話》載：

> 曾文正首先於江寧設金陵書局，於揚州設淮南書局。同時杭州、江蘇、武昌繼之。既刊讀本《十三經》，三省又合刊《廿四史》。天下書板之善，仍推金陵、蘇、杭，自學校一變，而書局并裁，刻書之風移於湘、鄂。而湘尤在鄂先。同、光之交，零陵艾作零，曾為鏡初部郎耀湘校刻《曾文正公遺書》及釋藏經典，撤局後，遂領思賢書局刻書事，主之者

〔註12〕同註11。
〔註13〕同註1，卷二二，頁1151，光緒二十二年正月。

張雨山觀察祖同、王葵園閣學先謙、與吾三人，而吾三人之書，大半出其手刻，晚近則鄂之陶子齡，同以工影宋刻本名。江陰繆氏、宜都楊氏、常州盛氏、貴池劉氏所刻諸書，多出陶手。至是金陵、蘇、杭刻書之運終矣！然湘、鄂如艾與陶者，亦繼起無其人，危矣哉刻書〔註14〕。

葉氏以精良刻工如艾氏、陶氏者，已繼起乏人，我國的木刻出版業，實有日趨沒落的徵象。又王漢章〈刊印總述〉載：「加以生活日昂，工價倍蓰，刻字匠人之收入，不敵排印工人之豐厚，相形之下，優絀斯分，趨舍自異矣〔註15〕！」王氏以刻工與排印工人之工價以較其優劣，刻工乃在自然的情況下逐漸淘汰了。

各省官書局之刻書，多以木板雕印為主，由於新式印刷術挾其優越的條件，席捲出版業，加以刻工式微，於是各省官書局刻書乃逐漸廢弛。

五、各省官書局本身營運的失調

各省官書局，乃由於地方疆臣大力注重文化事業，極力倡導、規劃所設立，籌措專款，網羅文人學者，選擇書局地點，作為長久的經營，據馮煦《蒿盦類稿》載〈上曾威毅書〉云：

> 再江南書局創自執事，所以養真材而敦實學也！文正公後，經費日絀，分校友人去不復補，應刻書籍亦苦無資，去年雖由范道稟，由藩庫每年籌撥一千五百金，久涸之局仍不能舒展，執事下車之始，首延汪孝廉士鐸入局，耆儒碩學，來者矜式，甚盛事也！敢請飭下提調，酌刻有用之書，並訪求品學兼優之士，延入局中，以裏校理，經費不敷，再由提調隨時稟請，用副執事彌教培才之初意〔註16〕。

馮氏以曾國藩調離兩江總督後，書局之經費日益支絀，而局中分校之士，亦先後辭去，局勢已呈衰替之象。據繆荃孫《碑傳集補》中張裕釗撰〈唐端甫墓誌銘〉載：

> 與君同處金陵書局，德清戴子高望者，死而無子，死後無一不賴端甫力者，端甫及戴君皆曾文正公所招致也！端甫來金陵以同治四年，越八年而文正公薨，其明年戴君死，又四年而端甫卒。及今合肥相國李公相繼總督兩江，始開書局於冶城山校梓群籍，延人士司其事，文正公尤

〔註14〕同註5。

〔註15〕王漢章，〈刊印總述〉，《書林清話》（台北：世界書局，民國72年），書林雜話，頁24～26。

〔註16〕馮煦，《蒿盦類稿》，《近代中國史料叢刊》，第三三輯第三二八冊（台北：文海出版社，民國58年），頁714～715。

好士，又益以懿文碩學爲眾流所歸，於是江寧汪士鐸、儀徵劉毓崧、獨
山莫友芝、南匯張文虎、海寧李善蘭及端甫、德清戴望、寶應劉恭冕、
成蓉鏡四面而至，文正公幕府辟召，皆一時英俊，並以學術風采相尚，
暇則從文正公游覽、燕集、邕容、賦詠以爲常，十餘年之間，文正公既
薨逝，劉毓崧、莫友芝、戴望諸人，皆先後凋喪，汪士鐸已篤老，自引
杜門不復出，張文虎亦謝去，其他或散去四方，及是而端甫又以死，金
陵文采風流盡矣〔註17〕！

由此可見，金陵書局本身除經費拮据外，書局中主要的校勘人士，相繼辭去，故
乃不復當年之盛況矣！

六、近代圖書館的興起而取代

　　光緒二十二年（1896）孫家鼐在〈官書局開設緣由〉中，認爲官書局主要工
作有設藏書院、刊書處、游藝院、學堂等〔註18〕。同年，李端棻亦倡導「推廣學
校，以勵人才」，主張推行之新政有設藏書樓、創儀器院、開譯書局、應立報館、
選派遊歷等〔註19〕。其中藏書院及藏書樓，即具近代圖書館的雛型。光緒三十一
年（1905），廢科舉、興學堂，圖書館亦開始倡設，湖南巡撫龐鴻書於長沙奏辦我
國第一所官辦公共圖書館〔註20〕，爲新式圖書館的先聲。此後，圖書館蓬勃興起。
於是宣統元年（1909），學部奏有〈擬定京師及各省圖書館通行章程摺〉，據《政
治官報》載，其中第十二條通行章程爲：「京師暨各省圖書館得附排印所、刊印所，
如有收藏秘笈孤本，應隨時仿刊印行、或排印發行，以廣流傳〔註21〕。」是以創
設圖書館應附排印所或刊印所，以出版書籍。然而各省官書局於發展末期，多與
圖書館歸併或兼管，如浙江圖書館，乃將官書局與藏書樓歸併擴充而創建者。據
宣統元年（1909）三月《大清宣統政紀》載：「浙江巡撫增韞奏，浙省創建圖書館，
將官書局、藏書樓歸併擴充〔註22〕。」浙江圖書館設有印行所及發行所，即由官

〔註17〕繆荃孫，《碑傳集補》（台北：藝文印書館，民國年），卷五一，頁 2784～2786。
〔註18〕同註 13。
〔註19〕同註 7，頁 3773～3776，光緒二十二年五月。
〔註20〕劉錦藻，《清朝文獻通考》（台北：新興書局，民國 84 年），卷一〇一，學校八，頁
　　　　8600。
〔註21〕清政務處憲政編查館編，《政治官報》（台北：文海出版社影印，民國 54 年），第二
　　　　十八冊，〈摺奏類〉，頁 359，宣統元年十二月十九日。
〔註22〕《大清宣統政紀實錄》（台北：華聯出版社，民國 53 年），卷十一，頁 211，宣統元
　　　　年 3 月。

書局歸併的。又如：江蘇書局併入江蘇省立第二圖書館印行所；淮南、江楚書局裁併，後由江蘇省立第一圖書館接管。

綜合上述官書局之所以停辦或沒落，並非由某一種或二種原因所致，除了當時的時代趨勢外，本身營運及相關條件的配合，均不足以因應新局勢的衝擊，遂逐漸停辦或沒落而遭受淘汰。

結　語

　　歷代典章文物，盡載於典籍之中，典籍既記錄著過往人類的生活狀況及歷史發展的軌跡，也蘊藏著歷代祖先生活中累積的寶貴經驗及思想，足以做為我中華歷史文化的巨大財富，故其存亡，實與民族之安危相繫。

　　歷代典籍，除了遭到自然淘汰外，時或形成聚積，時或招致散佚，可謂聚散無常。典籍的散佚損毀，隋代牛弘即提出「五厄」之說，明胡元瑞續牛弘之說後，又補為「十厄」，已可概見散佚損毀數量之龐大，而歸納其散佚損毀的原因，不外乎是暴力的禁燬，水火蟲蛀的自然災害，及大規模的兵燹；至於典籍形成與聚積的過程，大抵則是在社會、經濟、文化等高度發展的形勢下，進行大規模的輯佚與整理古籍的工作，並藉不斷的傳刻，而使典籍與日俱增，且廣為流傳。

　　清中葉，在內亂外患的交相煎迫之下，無論軍事、政治、社會、經濟都呈現一片衰微、崩潰的現象。在此種亙古未有之浩劫下，當時許多典籍受厄於兵燹戰亂，是可想而知的，尤以洪楊之亂為最；加以內府刻書的中輟，坊肆刻書又以訛誤陋劣者多，書籍極度的缺乏，是以注重傳統文化的各省督、撫等疆臣大吏，乃附庸風雅起而倡設書局，網羅散佚，重加校排，整理刊印，使漸復舊觀，以振興文教，嘉惠士林，達到教化的目的。

　　在同、光之際紛擾的亂世中，清室為平定內亂，乃將中央之財政權及領兵權，逐漸授予各地督、撫等疆臣大吏，由於他們掌握支配各地方之經濟大權，所以能設法籌措經費，經營刻書事業，同時延聘一時俊彥，從事推展書局的業務，故所刻之書，大多精美，且種類繁多，數量龐大，為當時士林所稱道，使典籍得以廣泛的利用與流傳。

　　其後，因清末變法維新運動，勵行新政，崇尚西學，以及印刷術的興起，影響到木板雕刻事業的式微，各省官書局在無法因應新時勢的變動下，遂逐漸停辦

或沒落，而為繼起的新式書局所取代。

　　典籍遭到散佚損毀的厄運，對我國學術文化實為重大損失，亟應速為搜輯散佚，重加刊印，因為若以數十年間，輯補尚易，不至完全泯滅無存；如經數百年後，輯補必極為困難。當時各省官書局，乃為繼起中斷的文化事業，在內亂甫平，艱困的環境下成立，採訪網羅散佚的書籍，重加悉心校勘，並大量的刊印成書，頒布各學校書院，供士子研讀，以教化百姓，且准坊間書肆刷印，廣為流傳，對典籍的輯佚、整理、利用、及流傳，貢獻至鉅，具有保存古籍，傳遞文化及推廣知識，普及文化的功能，實有文化上承先啟後，傳承香火之功績。對後世文化的傳播，極具深遠的影響。然而時代在變，典籍雖有益於人心教化，但無法應對當時門戶大開之變局。新學一起，經史遂成糟粕，新式書籍遂取傳統典籍而代之。官書局完成階段性任務後，遂退而隱沒。

參考書目

一、史料部份

1 ：《大清宣統政紀實錄》（台北：華聯出版社，民國 53 年）。

2 ：《大清德宗光緒皇帝實錄》（台北：華聯出版社，民國 53 年）。

3 ：《大清穆宗毅皇帝實錄》（台北：華聯出版社，民國 53 年）。

4 ：王先謙、朱壽朋等纂修，《光緒朝東華錄》（台南：大東書局，民國 57 年）。

5 ：王先謙、朱壽朋等纂修，《東華續錄》（台南：大東書局，民國 57 年）。

6 ：王延熙、王樹敏，《皇清咸同光奏議》，《近代中國史料叢刊》，第三十四輯第三三一冊，（台北：文海出版社，民國 67 年）。

7 ：王錫蕃校，《馬端敏公（新貽）奏議》，《近代中國史料叢刊》續編第一八第一七一冊，（台北：文海出版社，民國 71 年）。

8 ：毛佩之，《變法自強奏議彙編》，《近代中國史料叢刊》續編第四八輯（台北：文海出版社，民國 71 年）。

9 ：沈桐生，《光緒政要》，《近代中國史料叢刊》，第三五輯第三四五冊（台北：文海出版社，民國 67 年）。

10：〈軍機處檔摺件（同治光緒朝）〉（台北：國立故宮博物院）。

11：《明實錄附校勘記》（台北：中央研究院歷史語言研究所，民國 53 年）。

12：李希泌、張椒華，《中國古代藏書與近代圖書館史料》（台北：仲信出版社，民國 72 年）。

13：清政務處憲政編查館編，《政治官報》（台北：文海出版社，民國 54 年）。

14：陳弢，《同治中興京外奏議約編》，《近代中國史料叢刊》，第十三輯第一二八冊（台北：文海出版社，民國 67 年）。

15：張靜廬，《中國近代出版史料》初編（北京：中華書局，1957 年）。

16：張靜廬，《中國近代出版史料》二編（上海：群聯出版社，1954 年）。

17：馮煦，《蒿盦類稿、續稿、奏稿》，《近代中國史料叢刊》，第三三輯第三二八

冊（台北：文海出版社，民國 58 年）。

18：溫廷敬，《丁中丞（日昌）政書》，《近代中國史料叢刊續輯》，第七六一～七
六五冊（台北：文海出版社，民國 69 年）。

19：《諭摺彙存》（台北：擷華書局，民國 56 年）。

20：蕭榮爵，《曾忠襄公（國荃）奏議》，《近代中國史料叢刊》，第四三一～四三
六冊（台北：文海出版社，民國 67 年）。

二、專書部份

1 ：丁仁，《八千卷樓書目》二十卷，《書目四編》，第一～四冊（台北：廣文書局，
民國 59 年）。

2 ：丁丙，《善本書室藏書志》四十卷，《書目叢編》（台北：廣文書局，民國 56
年）。

3 ：丁申，《武林藏書錄》，《書目類編》，第九一冊（台北：成文出版社，民國 67
年）。

4 ：于寶軒，《皇朝蓄艾文編》（台北：台灣學生書局，民國 54 年）。

5 ：王士禎，《居易錄》三十四卷，《筆記小說大觀》十五編第八、九冊（台北：
新興書局，民國 66 年）。

6 ：王定安，《曾文正公全集》〈未刊信稿〉（台北：文海出版社，民國 63 年）。

7 ：王定安，《曾忠襄公（國荃）年譜》，《近代中國史料叢刊》年譜傳記類（台北：
文海出版社，民國 61 年）。

8 ：王明清，《揮麈後錄》，《四部叢刊續編》，第九八～九九冊（台北：台灣商務
印書館，民國 55 年）。

9 ：王欣夫，《文獻學講義》（台北：文史哲出版社，民國 67 年，再版）。

10：王德昭，《清代科舉制度研究》，（香港：香港中文大學出版社，1982 年）。

11：國立中央圖書館編，《台灣公藏普通本線裝書目書名索引》（台北：該館印
行，民國 71 年）。

12：王獻唐，〈聊城海源閣藏書之過去現在〉，（濟南：山東省立圖書館鉛印本，民
國 19 年）。

13：毛春翔，《古書版本學》（台北：洪氏出版社，民國 62 年）。

14：司馬光撰，胡三省注，《資治通鑑》二百九十四卷，附《通鑑釋文辨誤》十二
卷，清同治十年湖北崇文書局刊本。

15：朱士嘉，《官書局書目彙編》，《中華圖書館協會叢書》，第七種（北平：中華
圖書館協會，民國 22 年）。

16：朱緒曾，《開有益齋讀書志》六卷（台北：廣文書局，民國 58 年）。

17：朱彝尊，《曝書亭集》（台北：世界書局，民國 57 年）。

18：江蘇省立國學圖書館，《江蘇省立國學圖書館圖書總目》，《書目四編》（台北：廣文書局，民國 59 年）。

19：《江蘇省教育概況》（台北：傳記文學雜誌社影印本，民國 60 年）。

20：全祖望，《鮚埼亭集》，《國學基本叢書》，第一一八八～一二〇二冊（台北：台灣商務印書館，民國 57 年）。

21：汪文臺，《七家後漢書》（台北：文海出版社，民國 63 年）。

22：況周頤，《蕙風簃二筆》，清光緒間刊本。

23：宋濂，《元史》二百十卷，《百衲本二十四史》（台北：台灣商務印書館，民國 56 年）。

24：李心傳，《建炎以來朝野雜記》，《宋史資料萃編》，第一輯第二一～二二冊，（台北：文海出版社，民國 56 年）。

25：李清志，《古書版本鑑定研究》，《圖書文獻叢刊》（台北：文史哲出版社，民國 75 年）。

26：李鴻章，《李文忠公全集》（台北：文海出版社，民國 57 年）。

27：李鴻章等修，黃彭年等纂，《光緒畿輔通志》，光緒十年刊本。

28：呂實強，《丁日昌與自強運動》（台北：中央研究院近代史研究所，民國 61 年）。

29：何烈，《清咸、同時期的財政》（台北：國立編譯館中華叢書編審委員會，民國 70 年）。

30：何貽焜，《曾國藩評傳》（台北：正中書局，民國 59 年，台四版）。

31：屈萬里、昌彼得、潘美月訂，《圖書板本要略》（台北：中化大學出版部，民國 75 年，增訂版）。

32：昌彼得，《版本目錄學論叢》（台北：學海出版社，民國 66 年）。

33：周弘祖，《古今書刻》，《書目類編》，第八八冊（台北：成文出版社，民國 67 年）。

34：周漢光，《張之洞與廣雅書院》（台北：中國文化大學出版部，民國 72 年）。

35：胡鈞，《張文襄公（之洞）年譜》，《近代中國史料叢刊》〈年譜傳記類〉，第五三冊（台北：文海出版社，民國 61 年）。

36：柳詒徵，《國立中央大學國家圖書館小史》，民國 17 年該館排印本。

37：柳詒徵，《中國文化史》（台北：正中書局，民國 67 年，十二版）。

38：俞樾，《春在堂全集》（台北：中國文獻出版社，民國 57 年）。

39：桂馥，《說文解字義證》，五十卷，清同治九年湖北書局刊本。

40：孫從添，《藏書紀要》，《書目類編》，第七冊（台北：廣文書局，民國 57 年）。

41：孫毓修，《中國雕板源流考》（台北：台灣商務印書館，民國 63 年）。

42：晁公武，《郡齋讀書志》，《書目續編》，第四冊（台北：廣文書局，民國 57 年）。

43：倪燦，《宋史藝文志補》，《叢書集成簡編》，第八冊（台北：台灣商務印書館，民國 55 年）。

44：徐世昌，《清儒學案》（台北：國防研究院，民國 56 年）。

45：徐珂，《清稗類鈔》（台北：台灣商務印書館，民國 55 年，台一版）。

46：郭伯恭，《永樂大典考》，《人人文庫》四六二～六三（台北：台灣商務印書館，民國 56 年）。

47：張之洞，《張文襄公全集》（台北：文海出版社，民國 59 年）。

48：張之洞，范希增補正，《書目答問補正》（台北：新興書局，民國 63 年）。

49：張文虎，《舒藝室雜著》（台北：大華出版社，民國 58 年）。

50：張秀民，《中國印刷術的發明及其影響》（台北：文史哲出版社，民國 69 年）。

51：張秉鐸，《張之洞評傳》（台北：台灣中華書局，民國 61 年）。

52：張舜徽，《中國古典文獻學》（台北：木鐸出版社，民國 72 年）。

53：張舜徽，《清人文集別錄》（台北：明文書局，民國 71 年）。

54：教育部編，《第一次中國教育年鑑》（台北：傳記文學雜誌，民國 60 年）。

55：陸深，《金臺紀聞》，《筆記小說大觀》，第四編第五冊（台北：新興書局，民國 63 年）。

56：陳其元，《庸閒齋筆記》，《筆記小說大觀》正編第四冊（台北：新興書局，民國 62 年）。

57：陳登原，《天一閣藏書考》，《天一閣見存書目》（台北：古亭書屋，民國 59 年）。

58：陳登源（程登元），《古今典籍聚散考》（中國歷代典籍考）、（台北：順風出版社，民國 57 年）。

59：陳澧，《陳東塾先生詩詞》，（香港：崇文書局，1972 年）。

60：莫祥芝等修，汪士鐸等纂，《同治上元江寧兩縣志》，（清同治十三年刊本）。

61：曾紀澤，《曾惠敏公手寫日記》，《中國史學叢書》（台北：台灣學生書局，民國 54 年）。

62：曾國藩，《曾文正公手寫日記》，《中國史學叢刊》（台北：台灣學生書局，民國 54 年）。

63：曾國藩，《曾文正公全集》（台北：文海出版社，民國 63 年）。

64：惲茹辛，《書林掌故》，（香港：中山圖書公司，1972 年）。

65：惲茹辛，《書林掌故續編》，（香港：中山圖書公司，1973 年）。

66：黃宗羲，《南雷文定》，《叢書集成新編》第七六冊（台北：新豐出版社，民國 74 年）。

67：傅山，《西漢書姓名韻》，不分卷，（山西書局，仿宋字排印本，民國 25 年）。

68：傅樂成，《中國通史》（台北：大中國圖書公司，民國 71 年），新編排四版。

69：新文豐出版公司編輯部，《古籍版本鑒定叢談》（台北：新文豐出版公司，民國 73 年）。

70：葉昌熾，《緣督盧日記》，《中國史學叢書》，第五冊（台北：台灣學生書局，民國 53 年）。

71：葉德輝，《書林清話》（台北：世界書局，民國 72 年）四版。

72：楊書霖，《左文襄公（宗棠）全集》（台北：文海出版社，民國六八年）。

73：楊紹和，《楹書隅錄》五卷（台北：廣文書局，民國 56 年）。

74：廣雅叢書，廣雅書局民國九年三月刊本。

75：葉昌熾，《藏書紀事詩》（台北：世界書局，民國 50 年）。

76：黎庶昌，《曾文正公（國藩）年譜》，《近代中國史料叢刊》〈年譜傳記類〉第三四冊（台北：文海出版社，民國 61 年）。

77：蔣啓勛等修，汪士鐸等纂，《續纂江寧府志》，《中國方志叢書》〈華中地方〉第一號（台北：文成出版社，民國 63 年）。

78：劉聲木，《萇楚齋隨筆、續筆、三筆》，《近代中國史料叢刊》，第二二輯（台北：文海出版社，民國 57 年）。

79：劉錦藻，《清朝續文獻通考》（台北：新興書局，民國 48 年）。

80：錢基博，《版本通義》，《書目類編》，第八八冊（台北：文成出版社，民國 67 年）。

81：蕭榮爵，《曾忠襄公（國荃）書札》，《近代中國史料叢刊》（台北：文海出版社，民國 67 年）。

82：謝延庚修，劉壽曾等纂，《光緒江都縣續志》，《中國方志叢書》〈華中地方〉第二六（台北：成文出版社，民國 63 年）。

83：繆荃孫，《碑傳集補》（台北：藝文印書館，出版年缺）。

84：繆荃孫，《藝風堂文漫存》，《藝風堂文集》，《近代中國史料叢刊》，第九五輯第九四五冊（台北：文海出版社，民國 62 年）。

85：繆荃孫，《藝風堂文續集》，《藝風堂文集》，《近代中國史料叢刊》，第九五輯第九四五冊（台北：文海出版社，民國 62 年）。

86：龍起瑞，《經籍舉要》，《書目類編》，第九二冊（台北：成文出版社，民國 67 年）。

87：薛福成，《曾文正公幕府賓僚》，《筆記小說大觀》十二編第一冊（台北：新興書局，民國 63 年）。

88：薛福成，《天一閣見存書目》（台北：古亭書屋，民國 59 年）。

89：羅正鈞，《左文襄公（宗棠）年譜》，《近代中國史料叢刊》〈年譜傳記類〉第三七冊（台北：文海出版社，民國 61 年）。

90：羅錦堂，《歷代圖書板本志要》（台北：國立編譯館中華叢書編審委員會，民國 73 年），再版。

91：嚴文郁，《中國圖書館發展史》（台北：中國圖書館學會，民國72年）。

92：顧力仁，《永樂大典及其輯佚書研究》（台北：文史哲出版社，民國74年）。

93：顧炎武，《日知錄》（台北：明倫出版社，民國59年）。

94：顧炎武，《日知錄集釋》，《四部備要》，第四○四冊（台北：台灣中華書局，民國54年）。

95：龔嘉儁等修，吳慶坻重纂，《光緒杭州府志》，《中國方志叢書》華中地方第一九九號（台北：成文出版社，民國63年）。

三、期刊論文部份

1：于今，〈廣東書局等所刻書〉，《藝林叢錄》，第三編（台北：谷風出版社，民國75年）。

2：于乃義，〈雲南圖書館見聞錄〉，《中國古代藏書與近代圖書館史料》（台北：仲信出版社，民國72年），頁495～502。

3：王民信，〈晚清局刻本〉，《古籍鑑定與維護研習會專集》（台北：中國圖書館學會，民國74年）頁178～204。

4：王國維，〈五代兩宋刻本考〉，《圖書印刷發展史論文集》（台北：文史哲出版社，民國64年）頁193～202。

5：王漢章，〈刊印總述〉，《書林清話》（台北：世界書局，民國72年），《書林雜話》，頁24～37。

6：王獻唐，〈海源閣藏書之損失與善後處置〉，《山東省立國書館季刊》，第一卷第一期（民國27年3月）1～18頁。

7：毛春翔，〈浙江省立圖書館藏書版記〉，《浙江省立圖書館館刊》，第四卷第三期，（民國24年）頁1～2。

8：〈江寧江楚編譯書局條具譯書章程並釐定局章呈江督稟〉，《東方雜誌》，第一卷第九期（光緒二十年九日）頁206～207。

9：〈江寧江楚編譯書局章程〉，《東方雜誌》，第一卷第九期（光緒三十年九月）頁211～213。

10：沈新民，《清丁丙及其善本書室藏書研究》，（中國文化大學史學研究所碩士論文，民國77年）。

11：李文綺，〈板本名稱略釋〉，《中國圖書版本學論文選輯》（台北：學海出版社，民國70年）頁119～135。

12：李孟晉，〈中國歷代書厄概觀〉，《香港圖書館學協會季刊》，第五號（1980），頁77～78。

13：李致忠，〈宋代刻書述略〉，《文史》，第十四輯（1982年），頁145～173。

14：李致忠，〈明代刻書述略〉，《文史》，第二十三輯（1984年），頁127～158。

15：李書華，〈五代時期的印刷〉，《中國圖書版本學論文選輯》（台北：學海出版

社，民國 70 年）頁 327～345。

16：李澤彰，〈三十五年來中國之出版事業〉，《中國近年出版資料關於中國印刷術的發明及其影響》（台北：文史哲出版社，民國 69 年）頁 102～116。

17：吳則虞，〈板本通論〉，《四川圖書館學報》，第一期～第三期（1979 年）。

18：來新夏，〈中國古代圖書事業講話（六）〉，《津圖學刊》，第二號（1986 年），頁 152～160。

19：徐信符，〈廣東版片記略〉，《廣東文獻季刊》，第六卷第四期（民國 65 年 12 月 30 日）頁 18～22。

20：許文淵，《清修四庫之目錄學》，（政治大學中文研究所碩士論文，民國 64 年）。

21：柳詒徵，〈函大學長蔡子民、楊杏佛〉，（民國 17 年 4 月 24 日），《中央大學國學圖書館第一年刊（民國 17 年）案牘》，頁 23～25。

22：柳詒徵，〈函致教育廳大學籌備委員會，改良省立第一圖書館計畫書〉，（民國 16 年 7 月 2 日），《江蘇省立國學圖書館第一年刊》（民國 17 年）。

23：柳詒徵，〈致教育廳函〉，（民國 18 年 9 九月 24 日），《江蘇省立國學圖書館第三年刊（民國 19 年）案牘》，頁 14～15。

24：柳詒徵，〈國學書局本末〉，《江蘇省立國學圖書館第三年刊（民國 19 年）專著》，頁 1～16。

25：張人駿，〈兩江總督張人駿護理江蘇巡撫陸鍾琦奏〉，《政治官報》，第二八冊（台北：文海出版社，民國 54 年）。

26：淨雨，〈清代印刷史小記〉，《書林清話》（台北：世界書局，民國 72 年），《書林雜話》，頁 1～23。

27：班書閣，〈書院藏書考〉，《國立北平圖書館館刊》，第五卷第三期（民國 2 年 7 月），頁 53～72。

28：〈教科書之發刊概況，1868～1918 年〉，《中國近代出版史料》初編（北京：中華書局，1957 年），頁 219～253。

29：陳金英，《聊城楊氏海源閣藏書研究》，（東海大學中文研究所碩士論文，民國 77 年）。

30：陳訓慈，〈浙江圖書館之回顧與展望〉，《浙江省立圖書館館刊》，第二卷第一期（民國 22 年），頁 14。

31：陳訓慈，〈浙江省立圖書館小史〉，《浙江省立圖書館館刊》，第二卷第六期（民國 23 年），頁 1～14。

32：陸費逵，〈六十年來中國之出版與印刷業〉，《中國近百年來出版資料附於中國印刷術的發明及其影響》（台北：文史哲出版社，民國 69 年）頁 60～72。

33：陶湘，〈武英殿聚珍版叢書目錄〉，《圖書館季刊》，第三卷第一、二期（民國 17 年 3 月），頁 205～217。

34：彭昺，〈思賢講舍長沙府學宮之設局刻書〉，《湖南文史資料選輯》，第三輯（長沙，該選輯編委會，1981 年），頁 213～215。

35：曾昭六，〈曾文正公全集編刊考略〉，《曾文正公全集》（台北：文海出版社，民國 63 年），頁 21105～21119。

36：曾昭六，〈關於各書局成立溯源〉，《曾文正公全集》（台北：文海出版社，民國 63 年），頁 21262～21278。

37：傅增湘，〈海源閣藏書紀要〉，《大公報》（民國 20 年 5 月 24 日），第三版。

38：蔣復璁，〈國立中央圖書館創辦的經過與未來的展望〉，《圖書館學講座專輯之二》，高雄，國立中山大學圖書館民國 74 年。

39：蔡佩玲，《范氏天一閣研究》（台灣大學圖書館學研究所碩士論文，民國 75 年）。

40：劉國鈞，〈宋元明清的刻書事業〉，《中國圖書史資料集》，（香港：龍門書店，民國 1974 年），頁 481～497。

41：《學部官報》，第一～一四八冊（台北：國立故宮博物院，民國 69 年）。

42：盧前，〈書林別話〉，《書林掌故》，（香港：中山圖書公司，1972 年），頁 1～10。

43：謝正光，〈同治年間的金陵書局〉，《大陸雜誌》，第三七卷第一、二期（民國 57 年），頁 46～55。

44：謝國楨，〈叢書刊刻源流考〉，《中和月刊論文選輯》，第四輯（台北：台聯國風出版社，民國 63 年），頁 1～23。

45：蘇振申，〈永樂大典聚散考〉，《國立中央圖書館館刊》，第四卷二期（民國 60 年元月），頁 10～21。

附錄　台灣現存各省「局刻本」書目

凡　例

一、本書目以國立中央圖書館編印《台灣公藏普通本線裝書目》之著錄為範圍。

二、本書目以各省官書局為單位，首依民國三十六年內政部所編「中華民國行政
　　區域簡表」各省為序，次按書名首字筆劃多寡為序。

三、每書著錄其書名、卷數、作者、版本、館藏等。

四、本書目館藏一項簡稱如下：

　　　　中圖　　　國立中央圖書館
　　　　故宮　　　國立故宮博物院
　　　　史語所　　中央研究院歷史語言研究所
　　　　台大　　　國立台灣大學。該校圖書館分總館、文聯、研圖，分別以（總）、
　　　　　　　　　（文）、（研）標注。
　　　　師大　　　國立台灣師範大學
　　　　東海　　　私立東海大學
　　　　國研　　　國防研究院
　　　　台分　　　國立中央圖書館台灣分館

一、江蘇省

金陵書局（江南書局；江寧書局）

1 ：《文選》六十卷　　（梁）蕭統編，（唐）李善注，（清）葉樹藩參訂，清同治八
　　年金陵書局據汲古閣本校刊本（台分）。

2 ：《文選李善注》六十卷　　（梁）蕭統編，（唐）李善注，清同治八年金陵書局
　　重刊汲古閣刊本（中圖）。

3 ：《元和郡縣補志》九卷　　（清）嚴觀撰，清光緒八年金陵書局刊本（師大）。

4 ：《元和郡縣圖志》四十卷　　（唐）李吉甫撰，清光緒六年金陵書局刊本（史語
　　所）。

5 ：《元和郡縣圖志》四十卷　闕卷《逸文》一卷　《補志》六卷　清光緒六年至

八年金陵書局校刊本（史語所）。

6 ：《元豐九域志》十卷　（宋）王存等撰，清光緒八年金陵書局刊本，中圖。（仿宋相臺）五經附考證五種，（宋）岳珂校，清光緒二年江南書局據乾隆四十八年武英殿本重刊本（史語所）。

7 ：《史姓韻編》六四卷　（清）汪輝祖撰，清同治九年金陵書局聚珍版重印本（台大文）、（史語所）。

8 ：《史記》一三〇卷　（漢）司馬遷撰，劉宋裴駰集解，唐司馬貞索隱，張守節正義，清同治五年金陵書局刊本（東海）。

9 ：《史記》一三〇卷　《札記》五卷　（清）張文虎札記，清同治五年至九年金陵書局刊本，中圖。《（校刊）史記集解索隱正義札記》五卷　（清）張文虎撰，清同治十一年金陵書局刊本（東海）、（台大總）、（史語所）。

10：《白田風雅》二四卷　（清）朱彬輯，清光緒十二年金陵書局刊本（史語所）。

11：《易經》一二卷　宋朱熹本義，清同治四年金陵書局刊本（師大）。

12：《佩文廣韻匯編》五卷　（清）李元祺編，清同治十一年金陵書局重刊本（師大）、（史語所）。

13：《春秋左傳杜》注三十卷　（清）姚培謙輯，清光緒九年江南書局重刊本（東海）。

14：《春秋左傳杜注補》三十卷　《卷首》一卷　（清）姚培謙輯，清光緒九年江南書局重刊本（史語所）。

15：《春秋穀梁傳》一二卷　（晉）范寧集解，清同治七年金陵書局刊本（中圖）。

16：《後漢書》一二〇卷　劉宋范曄撰，（唐）范寧集，清同治八年金陵書局重刊汲古閣本（中圖）。

17：《荊川先生文集》二十卷　（明）唐順之撰，清光緒三十年江南書局刊本（中圖）。

18：《曹集詮評》十卷　附《逸文》一卷　《年譜》一卷《附錄》一卷　（唐）丁晏撰，清同治十一年金陵書局刊本（台分）、（台大文）。

19：《湘軍記》二十卷　（清）王安定撰，清光緒十五年江南書局刊本（中圖）、（師大）、（史語所）、（東海）、（台大總）。

20：《曾文正公奏疏文鈔合刊》六卷　曾國藩撰，清同治十二年金陵書局重刊本（台大研）。

21：《楚辭》一七卷　（漢）劉向輯，王逸章句，清同治十一年金陵書局重刊本（師大）。

22：《漢書》一二〇卷 （漢）班固撰，（唐）顏師古注，清同治八年金陵書局重刊汲古閣本（中圖）。

23：《蕘圃藏書題識》十卷 《補遺》一卷 《附刻書題識》一卷 《刻書記補遺》一卷 （清）黃丕烈撰，繆荃孫等輯，民國五年至八年金陵書局刊本（台大文）。

24：《輿地廣記》三八卷 《附校勘札記》二卷 （清）黃丕烈校勘，清光緒六年金陵書局重刊本（史語所）。

25：《讀書雜誌》八二卷 《餘編》二卷 （清）王念孫撰，清同治九年金陵書局重刊本（國研）、（台大文）。

淮南書局（揚州書局）

1：《十國宮詞》 （清）孟省蘭撰，清同治十二年淮南書局重刊本（台大文）。

2：《三家宮詞三種》三卷 《附二宮詞二種》二卷 （明）毛晉輯，清同治十二年淮南書局重刊本（台大研）、（史語所）。

3：《小知錄》一二卷 （清）陸鳳藻撰，清同治十二年淮南書局重刊本（史語所）。

4：《古微堂內集》三卷 （清）魏源撰，清光緒四年淮南書局刊本（東海）。

5：《四書章句集注》二六卷 《附考》一卷 《定本辨》一卷 《四書家塾讀本句讀》一卷 清光緒七年淮南書局覆刊嘉慶十六年吳縣吳志忠校刊本，國研。

6：《白虎通疏證》十二卷 （清）陳立撰，清光緒元年淮南書局刊本（中圖）、（東海）、（故宮）、（台大文）、台分。

7：《兩淮鹽法志》五六卷 《卷首》四卷 （清）鐵保奉敕纂，清同治九年揚州書局重刊本（故宮）。

8：《（重修）兩淮鹽法志》不分卷 （清）佶山等奉敕纂，清同治九年揚州書局重刊本（中圖）。

9：《金源紀事詩》八卷 （清）湯運泰撰，清同治十二年淮南書局重刊本（台大文）、（史語所）。

10：《（御定）音韻闡微》一八卷 （清）李光地等奉敕撰，清光緒七年淮南書局重刊本（史語所）。

11：《春秋或問》六卷 青郜坦撰，清光緒二年淮南書局刊本（台大文）。

12：《述學內篇》三卷 《外篇》一卷 《補遺》一卷 《別錄》一卷 （清）汪中撰，清同治八年揚州書局重刊本（東海）、台分。

13：《秣陵集》六卷 （清）陳文述撰，清光緒十年淮南書局重刊本（東海）。

14：《孫吳司馬法三種》八卷　　（清）孫星衍輯，清同治十年淮南書局重刊本（台大研）。

15：《淮南鹽法紀略》十卷　　（清）龐際雲、方濬頤同撰，清同十二年淮南書局刊本（中圖）、（故宮）。

16：《揚州永道記》四卷　　（清）劉文淇撰，清同治十一年淮南書局補刊本（史語所）。

17：《勝朝殉揚錄》三卷　　（清）劉寶楠撰，清同治十年淮南書局刊本（台大文）、（台大研）。

18：《經籍纂詁》一〇六卷　　（清）阮元撰，清光緒六年淮南書局刊本（東海）、（師大）。

19：《說文解字斛詮》一四卷　　（清）錢坫撰，清光緒九年淮南書局重刊本（台大文）、（東海）。

20：《廣陵通典》十卷　　（清）汪中撰，清同治八年揚州書局重刊本（台大研）、（師大）。

21：《韻詁》五卷　《補遺》五卷　　（清）方濬頤輯，清光緒四年淮南書局刊本（史語所）。

江楚編譯書局

1　：《上元江寧鄉土合志》六卷　　（清）張作霖編，清宣統二年江楚編譯書局排印本（史語所）。

2　：《文字蒙求》四卷　　（清）王筠撰，清光緒二十一年江楚書局刊本（東海）。

3　：《文字蒙求廣義》四卷　　（清）蒯光典撰，清光緒二十七年江楚書局刊本（史語所）。

4　：《江寧金石記》八卷　《待訪目》二卷　　（清）嚴觀輯，清宣統二年江楚編輯書局印行（史語所）。

5　：《孝經鄭注》一卷　　（清）嚴可均輯，清光緒三十三年金陵江楚編譯局石印本（史語所）。

6　：《英國警察》不分卷　　（清）何允瀚譯，清光緒三十二年金陵江楚編譯官書局石印本（故宮）。

7　：《皇朝直省府廳州歌括》一卷　　（清）蔣升撰，清光緒二十三年江楚書局刊本（中圖）。

8　：《經濟教科書》不分卷　　（日本）添田壽一撰，橋本海關譯，清光緒間金陵江

楚編譯官書局鉛印本（故宮）。

9 ：《經濟學粹》四卷　（比利時）羅貌禮撰，（清）林祐光譯，清光緒三十二年
　　金陵江楚編譯官書局石印本（故宮）。

10：《續碑傳集》八六卷　《卷首》二卷　（清）繆荃孫輯，清宣統二年江編譯書
　　局刊本（台大文）、（史語所）。

11：《續碑傳集》八六卷　（清）繆荃孫輯，江楚編譯書局校刊本（師大）。

江蘇書局

1 ：《六卷札記》六卷　（清）張惠言輯，《札記》　（清）朱錦綬撰，清光緒二
　　十三年江蘇書局重刊本（史語所）。

2 ：《七十家賦鈔》六卷　（清）張惠言輯，清光緒十一年江蘇書局重刊本（師
　　大）。

3 ：《八代詩選》二十卷　（清）王闓運編，清光緒十六年江蘇書局刊本（台大）、
　　（師大）、（台大研）。

4 ：《三國志證聞》三卷　（清）錢儀吉撰，清光緒十年江蘇書局刊本（師大）。

5 ：《大清律例總類》　清光緒十五年江蘇書局刊本（台分）。

6 ：《大清通禮》五四卷　（清）穆克登額恒泰等奉敕撰，清光緒九年江蘇書局校
　　刊本（台分）、（中圖）。

7 ：《才調集補注》十卷　（蜀）韋縠撰，清殷元勳箋註，宋邦綏補註，清光緒二
　　十二年江蘇書局刊本（東海）。

8 ：《小滄浪筆談》四卷　（清）阮元撰，清光緒四年江蘇書局重刊本（東海）。

9 ：《小滄浪筆談》四卷　（清）阮元撰，清光緒二十六年江蘇局重刊本（台大
　　文）、（史語所）。

10：《文廟丁祭譜》　不詳撰人，清同治七年江蘇書局刊本（台分）。

11：《王會篇箋釋》三卷　（清）何秋濤撰，清光緒十七年江蘇書局校刊本（史語
　　所）。

12：《元史》二一〇卷　（明）宋濂等撰，清同治十三年江蘇書局刊本（台分）。

13：《元史新編》九五卷　（清）魏源撰，清光四年江蘇書局刊本（台分）、（史語
　　所）。

14：《五代會要》三十卷　（宋）王溥撰，清光緒十二年江蘇書局刊本（台大文）、
　　（台分）。

15：《（欽定）五軍道里表》一八卷　（清）常泰等奉敕續修，清同治十二年江蘇

書局重刊本（史語所）。

16：《五省權酤圖說》一卷　（清）沈夢蘭撰，清光六年江蘇書局重刊本（史語所）。

17：《五禮通考》二六二卷　（清）秦蕙田撰，清光緒六年江蘇書局重刊本（東海）、
　　（台分）、國研。

18：《毛詩訂詁》八卷　《附錄》二卷　（清）顧棟高撰，清光緒二十二年江蘇書
　　局刊本（史語所）。

19：《古文苑》二一卷　清光緒十二年江蘇書局刊本（史語所）。

20：《司馬氏書儀》十卷　（清）汪郊校訂，清同治七年江蘇書局刊本（師大）。

21：《牧令須知》六卷　（清）剛毅撰，葛士達編，清光緒十五年江蘇書局刊本
　　（師大）。

22：《周易孔義集說》二十卷　（清）沈起元撰，清光緒八年江蘇書局刊本（史語
　　所）。

23：《字林考逸》八卷　《補》一卷　（清）任大椿輯，陶方琦補，諸可寶校，清
　　光緒十六年江蘇書局校刊本（史語所）、（師大）。

24：《江蘇全省輿圖》不分卷　（清）諸可寶繪，黃彭年等修，清光緒二十一年江
　　蘇書局刊本（中圖）、（史語所）。

25：《江蘇省例》不分卷　清同治二年江蘇書局刊本（師大）。

26：《江蘇省例》四卷　不著撰人，清同治八年江蘇書局刊本（史語所）、（台分）。

27：《江蘇省例》不分卷　《續編》不分卷　《附秋審實緩比較條款》不分卷　清
　　同治八年至光緒四年江蘇書局刊本（台大文）。

28：《江蘇省例續編》二卷　清光緒元年江蘇書局刊本（史語所）。

29：《江蘇省例三編》二卷　不著撰人，清光緒九年江蘇書局刊本（史語所）。

30：《江蘇省四編》不分卷　清光緒九年江蘇書局刊本（史語所）、（師大）。

31：《西夏記事本末》三六卷　（清）張鑑撰，清光緒十年江蘇書局刊本（中圖）。

32：《西漢會要》七十卷　（宋）徐天麟撰，清光緒十年江蘇書局刊本（台大總）。

33：《沈余遺書》三種，（清）趙舒翹輯，清光緒二十三年江蘇書局刊本（史語所）。

34：《弟子規》不分卷　（清）李毓秀撰，瑞昌正書，江蘇書局刊本（史語所）。

35：《求益齋全集五種》　（清）強汝詢撰，清光緒二十四年江蘇書局刊本（史語
　　所）。

36：《吾學錄初編》二四卷　（清）吳榮光編，清同治九年江蘇書局重刊本（史語
　　所）。

37：《東漢會要》四十卷　（宋）徐天麟，清光緒十年江蘇書局刊本（台大總）。

38：《直齋書錄解題》二二卷　（宋）陳振孫撰，清光緒九年江蘇書局刊本（台大文）、（台大研）。

39：《昌黎先生集》五十卷　（唐）韓愈撰，清光緒八年江蘇書局刊本（中圖）。

40：《昌黎先生集》四卷　清同治八年江蘇書局重刊本（師大）。

41：《明文在》一〇〇卷　（清）薛熙編，清光緒十五年江蘇書局刊本（師大）、（史語所）、（台大總）、（台大文）。

42：《明紀》六十卷　（清）陳鶴、陳克家同撰，清同治十年江蘇書局刊本（中圖）、（台分）、（不合）。

43：《金文最》一二〇　《卷首》一卷　清光緒二十一年江蘇書局刊本（史語所）。

44：《金文雅》一六卷　（清）莊仲方編，清光緒十七年江蘇書局刊本（台大文）、（史語所）。

45：《金文雅》十卷　清光緒十七年江蘇書局活字本（師大）。

46：《金史》一三五卷　（元）脫脫等撰，清同治十三年江蘇書局刊本（台分）。

47：《（欽定）金史語解》一二卷　（清）高宗敕撰，清光緒四年江蘇書局刊本（台分）、（史語所）。

48：《洗冤錄》四卷　清光緒十七年江蘇書局刊孫氏岱南閣本（史語所）。

49：《春秋左氏傳賈服註輯述》二十卷　（清）李貽德撰，清光緒八年江蘇書局刊本（東海）、（台大文）。

50：《春秋屬辭辨例編》六十卷　（清）張應昌撰，清同治十二年江蘇書局刊本（東海）。

51：《南宋文範》七十卷　《外》四卷　（清）莊仲方編，清光緒十四年江蘇書局刊本（史語所）。

52：《宋宋文錄》二四卷　（清）董兆熊編，清光緒十七年蘇州書局刊本（中圖）、（史語所）、（台大文）。

53：《思辨錄輯要前集》二二卷　《後集》一三卷　（明）陸世儀撰，清光緒三年江蘇書局刊本（史語所）。

54：《秋審實緩比較條款》不分卷　（清）謝城鈞撰，清光緒四年江蘇書局刊本（台分）。

55：《秋讞輯要》六卷　（清）剛毅輯，清光緒十五年江蘇書局刊本（台大總）、（史語所）、（台分）。

56：《保甲輯要》不分卷　（清）徐棟撰，清同治七年江蘇書局刊本（中圖）。

57：《律例便覽》八卷　（清）蔡嵩年、蔡逢年同撰，清同治九年江蘇書局刊本（史

語所）。

58：《唐文粹》一〇〇卷　（宋）姚鉉編，清光緒九年江蘇書局刊本（中圖）。

59：《唐文粹補遺》二六卷　（清）郭麐纂，金勇校，清光緒十一年江蘇書局刊本
（師大）。

60：《唐律疏義》三十卷　《附音義》一卷　《洗冤集錄》一卷　（唐）長孫無忌
等奉敕撰，音義宋孫奭等撰。《洗冤集錄》，（宋）宋慈編，清光緒十七年江蘇
書局刊氏岱南閣本（史語所）。

61：《唐陸宣公集》二二卷　《卷首》一卷　《增輯》二卷　《附錄》一卷　（唐）
陸贄撰，清光緒二年江蘇書局刊本（台大文）。

62：《唐會要》一〇〇卷　（宋）王溥撰，清光緒十年江蘇書局刊本（台大總）。

63：《通行條例》　清官撰，清光緒十四年江蘇書局刊本（台分）。

64：《通鑑外紀》十卷　《目錄》五卷　（宋）劉恕撰，清同治十年江蘇書局刊本
（中圖）。

65：《陶樓文鈔》一四卷　（清）黃彭年撰，民國十二年江蘇書局刊（史語所）。

66：《萃錦吟》八卷　（清）奕訢撰，清光緒十六年江蘇書局刊本（史語所）。

67：《滄浪山志》二卷　（清）宋犖編，清光緒十年江蘇書局刊本（史語所）。

68：《滄浪小志》二卷　（清）宋犖撰，清光緒十年江蘇書局刊本（台大總）。

69：《靖節先生集》十卷　《卷末》一卷　（晉）陶潛撰，（清）陶澍集注，清光
緒九年江蘇書局刊本（台大研）。

70：《資治通鑑目錄》三十卷　（宋）司馬光編，清同治八年江蘇書局刊仿宋本
（師大）、（史語所）。

71：《資治通鑑外紀》十卷　（宋）劉恕編，清胡克家注補，清同治十年年江蘇書
局刊本（師大）、（史語所）。

72：《資治通鑑地理今釋》　（清）吳熙載撰，清光緒八年江蘇書局刊本（師大）。

73：《資治通鑑校勘記宋本》五卷　《元本》二卷　（清）張瑛撰，清光緒八年江
蘇書局刊本（師大）、（史語所）。

74：《聖諭十六條》　（清）夏炘譯，清同治七年江蘇書局刊本（台分）。

75：《楚辭集註》八卷　《辯證》二卷　《後語》六卷　（宋）朱熹註，清光緒八
年江蘇書局刊本（東海）、（台大研）。

76：《（重訂）楊園先生全集廿一種》五六卷　（清）張履祥撰，清同治十年江蘇
書局刊本（台大文）。

77：《碑傳集》一六〇卷　《卷首、末》各二卷　（清）錢儀吉輯，清光緒十九年

江蘇書局刊本（師大）、（東海）、（台大文）、（台大研）。

78：《碑傳集》一六〇卷　《附存文》一卷　《集外文》一卷　（清）錢儀吉輯，清光緒十九年江蘇書局刊本（史語所）。

79：《實政錄》七卷　（明）呂坤撰，清同治十一年江蘇書局刊本（中圖）。

80：《審看擬式》四卷　《首末》一卷　（清）剛毅撰，清光緒十五年江蘇書局刊本，國研、（史語所）。

81：《諸家評陶彙集》一卷　《年譜考異》二卷　（清）陶澍輯注，清光緒九年江蘇書局刊本（師大）。

82：《墨妙亭碑目考》二卷　（清）張鑑撰，清光緒十年江蘇書局刊本（史語所）。

83：《寰宇訪碑錄》一二卷　（清）孫星衍、邢澍同撰，清光緒九年江蘇書局刊本（中圖）、（台分）、（東海）。

84：《龍莊遺書四種》一五卷　（清）汪輝祖撰，清光緒間江蘇書局刊本（台大文）。

85：《遼史》一一五卷　（元）脫脫等撰，清同治十二年江蘇書局刊本（台分）。

86：《遼史拾遺補》五卷　（清）楊復吉輯，清光緒三年江蘇書局刊本（師大）、（史語所）。

87：《（欽定）遼史語解》十卷　（清）高宗敕撰，清光緒四年江蘇書局刊本（台分）、（史語所）。

88：《（欽定）遼、金、元三史國語解》四六卷　（清）高宗敕撰，清光緒四年江蘇書局刊本（東海）、（台大文）。

89：《學古堂藏書目》五卷　《附叢書子目》一卷　《捐藏書》一卷　不著編人，清光緒間江蘇書局刊本（史語所）。

90：《學仕遺規》四卷　（清）陳宏謀輯，清光緒五年江蘇書局刊本（史語所）。

91：《築圩圖說》　（民國）孫峻撰繪，江蘇書局刊本（史語所）。

92：《點勘記》二卷　《附省堂筆記》一卷　（清）歐陽泉撰，清光緒四年江蘇書局刊本（史語所）。

93：《勸學篇》一五〇卷　《行圖》一卷　《首》一卷　（清）李銘皖等修，馮桂芬等纂，清同治末至光緒八年江蘇書局刊本（史語所）。

94：《勸學篇》一五〇卷　《行圖》一卷　《首一》卷　（清）李銘皖等修，馮桂芬等纂，清光緒九年江蘇書局刊本（故宮）、（台大總）。

95：《續古文苑》二十卷　（清）孫星衍撰，清光緒九年江蘇書局刊本（師大）。

96：《續資治通鑑》二二〇卷　（清）畢沅撰，清同治六年江蘇書局刊鎮洋畢氏本

（台分）、（史語所）。

97：《續資治通鑑》二二〇卷　（清）畢沅撰，清同治八年江蘇書局刊本（台大文）。

98：《讀律一得歌》四卷　（清）宗繼增撰，清光緒十六年江蘇書局刊本（史語所）、（台分）。

99：《讀禮通考》一二〇卷　（清）徐乾學撰，清光緒七年江蘇書局刊本（中圖）、（台分）。

100：《蠶桑簡明輯說》一卷　《補遺》一卷　（清）黃世本編，清光緒十四年江蘇書局刊本（史語所）。

上海書局

1：《（御纂）七經七種》二八〇卷　（清）李光地等撰，清光緒二十年上海書局刊本（師大）。

2：《大清會典》一百卷　清乾隆二十九年敕撰，清光緒廿五年上海書局百印本（台大總）。

3：《皇朝蓄艾文編》八十卷　（清）于寶軒輯，王尚清編，清光緒廿九年上海書局刊本（台大總）。

4：《律例便覽存》六卷　（清）蔡嵩年、蔡逢年同撰，清光緒二十二年上海書局石印本（台分）。

5：《格致課藝彙編》　撰人不詳，清光緒廿二年上海書局石印本（台分）。

6：《（繪像）繡香囊全傳七集》一四卷　不著撰人，清光緒三十七年上海書局石印袖珍本（史語所）。

二、浙江省

浙江書局（杭州書局）

1：《二十二子全書二十三種》三三三卷　（清）浙江書局輯，清光緒間浙江書局重校補刊本（台大文）。

2：《七音略》四卷　（清）高宗敕撰，浙江書局刊本（師大）。

3：《入幕須知五種》　（清）張廷驤輯，清光緒十八年浙江書局刊本（史語所）。

4：《入幕須知五種》　（清）萬維軒撰，清光緒十八年浙江書局刊本（台分）。

5：《尸子》二卷　（清）汪繼培輯，清光緒三年浙江書局刊湖海樓本（東海）。

6：《小學考》五十卷　（清）謝啓崑撰，清光緒十四年浙江書局刊本（中圖）。

7：《文廟通考》六卷　（清）牛樹梅輯，清同治十一年浙江書局刊本（台分）、（史語所）。

8：《文獻通考》三四八卷　（元）馬端臨撰，清光緒廿二年浙江書局刊本（台大總）。

9：《孔孟編三種》八卷　（清）狄子奇輯，清光緒十三年浙江書局刊本（台大文）。

10：《日本國志》四十卷　（清）黃遵憲編，清光緒廿四年浙江書局刊本（史語所）。

11：《平浙紀略》一六卷　（清）奏湘業等編，清同治十二年浙江書局刊本（史語所）。

12：《玉海》二〇〇卷　《辭學指南》四卷　《附刻遺書十二種》六一卷　清光緒九年浙江書局刊本（史語所）。

13：《玉海附刻十三種》六三卷　（宋）王應麟撰，清光緒九年浙江書局刊本（故宮）。

14：《（欽定）古今儲貸金鑑》六卷　清光緒廿一年浙江書局刊本（史語所）、（台分）。

15：《四書反身錄》八卷　（清）李顒撰，清道光間浙江書局重刊本（史語所）。

16：《四書約旨》一九卷　（清）任啓運撰，清光緒二十年浙江書局依任氏家塾原本刊本（史語所）。

17：《西冷懷古集》十卷　清光緒九年浙江書局刊本（史語所）。

18：《西湖志》四八卷　（清）午傅王露等撰，清光緒四年浙江書局刊本（台大研）。

19：《列子》八卷　舊題周列禦寇撰，（晉）張湛注，清光緒二年浙江書局翻刊明世德堂本（故宮）。

20：《朱子論語集注訓話考》二卷　（清）潘衍桐撰，清光緒十七年浙江書局刊本（史語所）。

21：《竹書紀年統箋》一二卷　《附雜述》一卷　《前編》一卷　清光緒三年浙江書局校刊二十二子本（中圖）。

22：《竹書紀年統箋》一二卷　《附雜述》一卷　《前編》一卷　清光緒三年浙江書局據丹徒徐氏本校刊本（史語所）。

23：《宋史》四九六卷　（元）脫脫撰，清光緒元年浙江書局刊本（台分）。

24：《沈氏三先生文集三種》　（清）吳允嘉重編，清光緒廿二年浙江書局刊本（史語所）。

25：《沈端恪公遺書》 （清）沈日富編，清同治十二年浙江書局刊本（史語所）。

26：《吳山伍公廟志》 六卷 《卷首》一卷 （清）沈永青撰，清光緒間浙江書局重刊本（史語所）。

27：《呂氏春秋》二六卷 《附考》一卷 （秦）呂不韋撰，（漢）高誘注，清畢沅校，清光緒元年浙江書局據鎮洋畢氏靈巖山館校刊本（台大研）。

28：《定香亭筆談》四卷 （清）阮元撰，清光緒廿五年浙江書局重刊本（台大研）。

29：《武經四種》 不著編人，清光緒廿五年浙江書局刊本（史語所）。

30：《兩浙名賢錄》六二卷 （明）徐象梅撰，清光緒廿六年浙江書局重刊本（史語所）。

31：《兩浙金石志》一八卷 （清）阮元編，清光緒十六年浙江書局重刊本（台分）、（史語所）。

32：《兩浙防護陵寢祠墓錄》不分卷 （清）阮元輯，清光緒十五年浙江書局重刊本（史語所）。

33：《兩浙輶軒錄》四十卷 （清）阮元訂，清光緒十六年浙江書局重刊本（台大文）。

34：《兩浙輶軒錄》四十卷 （清）阮元訂，清光緒十七年浙江書局重刊本（台大研）。

35：《兩浙輶軒錄》五四卷 （清）潘衍桐編，清光緒十七年浙江書局重刊本（東海）、（史語所）。

36：《兩浙輶軒錄》五四卷 《補遺》六卷 清光緒十七年浙江書局刊本（台大文）。

37：《兩浙輶軒錄》十卷 （清）阮元等編，清光緒十六年浙江書局刊本（台大文）。

38：《兩漢書疏證》六六卷 （清）沈欽韓撰，清光緒廿六年浙江書局刊本（東海）。

39：《杭州八旗駐防營志略》二五卷 （清）張大昌輯，清光緒間浙江書局刊本（史語本）。

40：《孟子編年》四卷 （清）狄子奇撰，清光緒十三年浙江書局刊本（東海）、（史語所）。

41：《尚書考異》六卷 （明）梅鷟撰，清光緒十八年浙江書局刊本（史語所）、（台大文）。

42：《周季編略》九卷　（清）黃式三撰，清同治十二年浙江書局刊本（師大）、（台大總）、（史語所）。

43：《岳廟志略》十卷　《卷首》一卷　（清）馮培編，清光緒五年浙江書局重刊本（史語所）。

44：《金佗粹編》二八卷　（宋）岳珂撰，清光緒九年浙江書局重刊本（師大）、（史語所）。

45：《金佗續編》三十卷　（宋）岳珂撰，清光緒九年浙江書局刊本（師大）。

46：《南湖考志》一卷　《事略》一卷　（明）陳幼學撰，清光緒間浙江書局刊本（史語所）。

47：《皇朝三通三種》五二六卷　（清）高宗敕輯，清光緒間浙江書局刊本（台大研）。

48：《皇朝藩部要略》一八卷　《附表》四卷　（清）祁韻士撰，毛嶽生編，清光緒十年浙江書局刊本（台分）。

49：《後漢書疏證》三十卷　（清）沈銘韓撰，清光緒廿六年浙江書局刊本（史語所）。

50：《浙江通志》二八〇卷　《卷首》三卷　（清）嵇曾筠等修，傅王露等纂，清光緒廿五年浙江書局重刊本（史語所）。

51：《浙西水利備考》不分卷　（清）王鳳生撰，胡德璐繪圖，清光緒四年浙江書局重刊本（中圖）、（史語所）。

52：《唐宋文醇》三一卷　（清）高宗敕編，清光緒七年浙江書局重刊本（師大）。

53：《（御選）唐宋詩醇》四七卷　（清）高宗敕編，清光緒十年浙江書局重刊本（台大研）、（東海）、（台分）。

54：《理學宗傳》二六卷　（清）孫奇逢輯，清光緒六年浙江書局刊本（史語所）。

55：《黃帝內經素問靈樞》三六卷　（唐）王冰註，宋林億等校，清光緒三年浙江書局影本明刻本（台大文）。

56：《通志》二〇〇卷　（宋）鄭樵撰，清光緒廿二年浙江書局刊本（台分）。

57：《通商各國條約》　（清）浙江通商洋務總局編，清光緒廿八年浙江書局刊本（史語所）。

58：《通鑑地理通釋》一四卷　（宋）王應麟撰，浙江書局刊本（東海）。

59：《（御批歷代）通鑑輯覽》一二〇卷　（清）溥恒等奉敕編，清同治十年浙江書局重刊本（史語所）。

60：《詩集傳》八卷　（宋）朱熹撰，清光緒十九年浙江書局刊本（史語所）。

61：《誠意伯文集》二十卷　　（明）劉基撰，清光緒廿六年浙江書局重刊本（台大文）、（史語所）。

62：《經義考》三〇〇卷　　（清）朱彝尊撰，清光緒廿三年浙江書局刊本（台大文）、（師大）。

63：《漢書疏證》三六卷　　（清）沈欽韓撰，清光緒廿六年浙江書局刊本（史語所）。

64：《漢書商兌》四卷　　（清）方東樹撰，清光緒廿六年浙江書局校刊本（東海）、（台分）、（史語所）、（台大文）。

65：《漢藝文志考證》十卷　　（宋）王應麟撰，清光緒九年浙江局刊本（台大研）。

66：《趙恭毅公剩稿》八卷　　（清）趙申喬撰，清光緒十八年浙江書局刊本（台大文）。

67：《管子》二四卷　　（周）管仲撰，（唐）房玄齡注，（明）劉績增注，朱養和輯訂，清光緒二年浙江書局刊本（東海）。

68：《管子》二四卷　　（周）管仲撰，（唐）房玄齡注，（明）劉績增注，朱養和輯訂，清光緒三年浙江書局據明吳郡趙氏本校刊本（台大文）。

69：《論語古訓》十卷　　（清）陳鱣撰，清光緒九年浙江書局刊本（史語所）。

70：《論語後案》二十卷　　（清）黃式三撰，清光緒九年浙江書局刊本（史語所）。

71：《鄭氏佚書廿三種》七九卷　　（漢）鄭玄撰，（清）袁鈞輯，清光緒十四年浙江書局刊本（台大文）、（史語所）。

72：《携雪堂文集》四卷　　（清）吳可讀撰，楊慶生注，清光緒廿六年浙江書局重刊本（史語所）、（台大文）。

73：《錢南園先生遺集》五卷　　（清）錢灃撰，清光緒十九年浙江書局重刊本（台大文）。

74：《韓非子》二十卷　　（周）韓非撰，清光緒元年浙江書局影宋刊本（台分）。

75：《韻山堂詩集》七卷　《補遺》一卷　　（清）王文誥撰，清光緒十四年浙江書局刊本（師大）、（史語所）。

76：《證山堂集》八卷　　（清）周斯盛撰，清光緒間浙江書局刊本（台大文）。

77：《繹史》一六〇卷　《世系圖》一卷　《年表》一卷　　（清）胡承諾撰，清同治十一年浙江書局重刊本（台大文）。

78：《續浚南湖圖志》　　不著編人，清光緒三三年浙江書局刊本（史語所）。

79：《續資治通鑑長編》五二〇卷　　（宋）李燾撰，清光緒七年浙江書局刊本（中圖）、（史語所）、（台大文）。

80：《續資治通鑑長編拾補》六十卷　（清）秦湘業等輯，清光緒九年浙江書局刊本（台大文）、（史語所）。

81：《續禮記集說》一〇〇卷　（清）杭世駿撰，清光緒十一年三十年杭州書局刊本，國研、（台分）、（台大文）。

82：《讀書堂綵衣全集》四六卷　《卷首》一卷　（清）趙士麟撰，清光緒十九年浙江書局刊本（台大文）。

三、安徽省

曲水書局

《易經如話》一二卷　《首》一卷　（清）汪紱撰，清同治十二年常州曲水書局銅活字本，國研。

四、江西省

江西書局

1：《十三經注疏校勘記識語》四卷　（清）汪文台撰，清光緒三年江西書局刊本（台大文）、（史語所）、（台分）。

2：《元史紀事本末》二七卷　（明）陳邦瞻撰，清同治十三年江西書局刊本（中圖）。

3：《左傳紀事本末》五三卷　（清）高士奇撰，清同治十二年江西書局刊本（中圖）。

4：《（御纂）朱子全書》六六卷　（宋）朱熹撰，清李光地等奉敕編，清南昌江西書局重刊本，國研。

5：《宋史紀事本末》一〇九卷　（明）馮琦撰，陳邦瞻訂，張溥論正，清同治十三年江西書局刊本（中圖）。

6：《明史紀事本末》八十卷　（清）谷應泰撰，清同治十三年江西書局刊本（中圖）。

7：《紀事本末五種》　（清）不著輯人，清同治十二年至十三年江西書局刊本（台大文）。

8：《桂洲夏文愍公奏議》二一卷　《補遺》一卷　（明）夏言撰，清光緒十七年江西書局重刊本（史語所）。

9：《通鑑紀事本末》二三九卷　（宋）袁樞撰，（明）張溥論正，清同治十三年

江西書局刊本（中圖）、（故宮）。

10：《墨子》三卷 （清）王闓運注，清光緒三十年江西官書局刊本（史語所）。

五、湖北省

崇文書局（湖北官書局；武昌書局）

1 ：《（楚刻）十三經十五種》一三二卷 《附四書字辨》一卷 《四書句辨》一卷 （清）李瀚章等校，清同治七年湖北崇文書局校刊本（台大研）。

2 ：《人譜三篇》 （明）劉宗周撰，清光緒三年湖北崇文書局刊本（台分）。

3 ：《人譜類記》六卷 （明）劉宗周撰，清光緒三年崇文書局刊本（台分）。

4 ：《（刊定）九經三傳沿革例》一卷 （宋）岳珂撰，清光緒三年湖北崇文書局刊本（史語所）、（二部）。

5 ：《山海經》不分卷 郭璞注，清光緒元年湖北崇文書局刊本，國研。

6 ：《文章軌範》七卷 （宋）謝枋得選，清光緒廿一年湖北崇文書局三色套印本，國研。

7 ：《文選》六十卷 《考異》十卷 （梁）蕭統編，（唐）李善注，考異清胡克家撰，清同治八年湖北崇文書局重刊鄱陽胡氏覆宋本（中圖）、國研。

8 ：《文選李善注》六十卷 （梁）蕭統編，（唐）李善注，清同治八年湖北崇文書局重刊本（台大文）、中圖。

9 ：《五種遺規摘抄（一名從政遺規）》 （清）陳宏謀編，清同治七年湖北崇文書局刊本（台分）。

10：《日知錄集釋》三二卷 《附刊誤》二卷 （清）黃汝成撰，清光緒元年湖北崇文書局刊本（師大）、（東海）、（台大文）。

11：《水經注》四十卷 （漢）桑欽撰，（後魏）酈道元注，清光緒三年湖北崇文書局刊本（台大研）。

12：《正覺樓叢書廿八種附一種》 崇文書局輯，清光緒間該局刊本（史語所）。

13：《古文詞通義》二十卷 （清）王葆心撰，民國四年至五年湖北官書局鉛印本（台大文）。

14：《（王本）史記》一三〇卷 （漢）司馬遷撰，劉宋裴駰集解，唐司馬貞補史索隱，張守節正義，清同治九年湖北崇文書局重刊本（台大研）。

15：《史通削繁》四卷 （唐）劉知幾撰，清光緒武昌崇文書局刊本（中圖）。

16：《老學庵筆記》十卷 （宋）陸游撰，民國間崇文書局印本（師大）。

17：《長江圖》一二卷　《卷首》一卷　（清）馬徵麟撰，清同治十年湖北崇文書局刊本（台大研）。

18：《明史》三三二卷　清光緒三年湖北崇文書局刊本（東海）。

19：《周易姚氏學殘存》一四卷　《卷首》一卷　（清）姚配中撰，清光緒三年湖北崇文書局刊本（史語所）。

20：《胡文忠公遺集三種》　清光緒元年湖北崇文書局刊本（史語所）。

21：《相臺書塾刊正九經三傳沿革例》一卷　（宋）岳珂撰，光緒三年湖北崇文書局刊本（史語所）。

22：《段氏說文注訂》八卷　（清）鈕樹玉撰，清同治十三年湖北崇文書局刊本（師大）。

23：《皇朝祭器樂舞錄》二卷　《附御制律呂正義》一卷　（清）徐曉泉輯，清同治十年湖北崇文書局刊本（台大文）。

24：《荒政輯要》九卷　《附救荒補遺》二卷　清同治八年湖北崇文書局刊本（台分）。

25：《荊楚修疏指要》七卷　（清）胡復翿撰，清同治十一年湖北崇文書局刊本（史語所）。

26：《國朝柔遠記》一八卷　《附》二卷　（清）王之春編，清光緒廿二年湖北書局重刊本（台大總）。

27：《（天聖明道本）國語》二一卷　《附校刊札記》一卷　《考異》四卷　（吳）韋昭註，（清）汪遠孫考異，清同治八年湖北崇文書局據黃丕烈校刊本重刊本（台大研）。

28：《國語》二一卷　《附札記》一卷　《考異》四卷　（吳）韋昭注，（清）黃丕烈札記，汪遠孫考異，清同治八年湖北崇文書局翻刻士禮居本（史語所）。

29：《國語考異》四卷　（清）汪遠孫撰，民國元年崇文書局刊本（師大）。

30：《崇文書局卅三種》　崇文書局編，清光緒卅三年湖北該局刊本（台分）。

31：《湖北節義錄》一二卷　《補遺》一卷　（清）黃昌輔編定，陳瑞珍彙纂，清同九年崇文書局刊本（史語所）。

32：《隋書經籍志考證》一三卷　（清）章宗源撰，清光緒三年湖北崇文書局刊本（台大文）、（師大）、（史語所）。

33：《逸周書集訓校釋》十卷　《逸文》一卷　（清）朱右曾撰，清光緒三年湖北崇文書局刊本（台大文）。

34：《意林》五卷　（唐）馬總撰，清光緒三年湖北崇文書局刊本（故宮）。

35：《資治通鑑》二九四卷　　（宋）司馬光撰，元胡三省注，清同治十年湖北崇文書局刊本（台大研）。

36：《資治通鑑》二九四卷　　《附通鑑釋文辨誤》一二卷　　（宋）司馬光撰，元胡三省注，清同治十年湖北崇文書局刊本（故宮）。

37：《資治通鑑釋文辨誤》一二卷　　（元）胡三省撰，清同治十年湖北崇文書局刊本（台大研）。

38：《傷寒審證表》一卷　　（清）包誠撰，清同治十年湖北崇文書局刊本（故宮）。

39：《經典釋文》三十卷　　（唐）陸德明撰，清同治八年湖北崇文書局刊本，國研（二部）、（台分）。

40：《說文引經考》八卷　　（清）陳瑞撰，清同治十三年湖北崇文書局刊本（中圖）。

41：《說文通檢》一四卷　　《首》一卷　　《末》一卷　　（清）黎永椿編，清光緒二年崇文書局刊本（史語所）。

42：《說文提要》一卷　　（清）陳建候撰，清同治十二年湖北崇文書局刊本（台大文）。清光緒六年湖北崇文書局刊本（師大）。

43：《說文新附考》六卷　　《續考》一卷　　（清）鈕樹玉撰，清同治十三年湖北崇文書局刊本（台分）。

44：《說文解字注》三十卷　　《附六書音韻表》二卷　　《汲古閣說文訂》一卷　清同治十一年湖北崇文書局刊本（台大文）。

45：《說文解字義證》五十卷　　（清）桂馥撰，清同治九年湖北崇文書局刊本（東海）、中圖、（台大文）、（故宮）。

46：《說文辨疑》　　（清）顧廣圻撰，清光緒三年湖北崇文書局刊本（師大）。

47：《儀禮古今文疏義》一七卷　　（清）胡承珙撰，清光緒三年湖北崇文書局刊本（中圖）。

48：《樂府詩集》一〇〇卷　　（宋）郭茂倩編，清同治十年湖北崇文書局刊本（故宮）、（台大文）、（台大研）。

49：《樂府傳聲》二卷　　（清）徐大椿撰，清光緒七年湖北崇文書局刊正覺樓叢刻本（中圖）。

50：《龍川文集存》一一卷　　（宋）陳亮撰，清光緒元年湖北崇文書局刊本（中圖）。

51：《龍川文集》三十卷　　《卷首》一卷　　《補遺》二卷　　《附錄》一卷　　（宋）陳亮撰，清同治七年湖北崇文書局刊本（中圖）。

52：《戰國策》三三卷　　（漢）高誘註，民國元年湖北崇文書局刊本（台大文）。

53：《戰國策》三三卷　　（漢）高誘註，清同治八年湖北崇文書局據剡川姚氏藏本

重刊本（台分）。

54：《戰國策》三三卷　　（漢）高誘註，宋姚宏校，清同治八年湖北崇文書局據黃丕烈校刊本重刊本（台大研）。

55：《舊五代史》一五〇卷　　（宋）薛居正等奉敕撰，清同治十一年湖北崇文書局重刊本（台分）。

56：《韻字略》一二卷　　（清）毛謨撰，清光緒元年湖北崇文書局刊本（中圖）。

六、湖南省

思賢書局

1：《日本源流考》二二卷　　（清）王光謙撰，清光緒廿八年思賢書局刊本（史語所）。

2：《古文尚書冤詞平議》二卷　　（清）皮錫瑞撰，清光緒廿二年長沙思賢書局刊本（中圖）、（東海）。

3：《皮氏經學叢書九種》　　（清）皮錫瑞撰，清光緒廿八年思賢書局刊本（史語所）。

4：《紀事本末五種》　　（清）不著輯人，清光緒廿四年湖南思賢書局刊本（史語所）。

5：《宋元名家詞十五種》　　（清）江標輯，清光緒二十一年湖南思賢書局刊本（史語所）。

6：《班馬字類》五卷　　（宋）婁機撰，清光緒十七年思賢書局刊本（東海）。

7：《孫淵如先生全集》二一卷　《附長離閣集》一卷　清光緒二十年湖北思賢書局刊本（台大文）。

8：《莊子集解》八卷　　（清）王先謙撰，清宣統元年思賢書局刊本（台大研）、（史語所）。

9：《經學歷史》不分卷　　（清）皮錫瑞撰，清光緒卅二年思賢書局刊本（東海）。

10：《駢文類纂》四六卷　　（清）王謙編，清光緒廿八年思賢書局刊本（東海）、（台大文）。

湖南書局

1：《（御批歷代）通鑑輯覽》一二〇卷　　（清）傅恒奉敕編，清同治十三年湖南書局刊本（史語所）。

2 ：《課子隨筆鈔》六卷 （清）張伯行輯，夏錫疇錄，清光緒廿一年湖南書局刊本（史語所）。

3 ：《讀史方輿紀要摘錄》十卷 （清）顧祖禹撰，黃冕節錄，清光緒廿八年湖南書局刊本（中圖）。

傳忠書局

1 ：《求闕齋讀書錄》十卷 （清）曾國藩撰，清光緒二年傳忠書局刊本（東海）。

2 ：《孟子要略》五卷 （宋）朱熹撰，清同治十三年傳忠書局刊本（史語所）。

3 ：《曾文正公大事記》四卷 清光緒二年傳忠書局刊本（東海）。

4 ：《曾文正公全集存一三種》一六二卷 （清）曾國藩撰，清同治光緒間傳忠書局刊本（台大文）。

七、四川省

成都書局

1 ：《詩經通論》一八卷 ,卷前》一卷 （清）姚際恒撰，王篤校訂，民國十六年成都書局據韓城王氏本重刊本（史語所）。

2 ：《經詞衍釋》十卷 （清）吳昌瑩撰，清同治十二年成都書局校刊本（台大文）。

3 ：《經傳釋詞補》一卷 《再補》一卷 （清）王經世撰，民國間成都書局刊本（台大文）、（史語所）。

4 ：《經傳釋詞》十卷 （清）王引之撰，民國十七年成都書局校刊本（台大文）。

5 ：《（增補）藝苑彌蕉》七卷 （清）螾蝍山人編，清光緒廿六年成都書局校刊本（史語所）。

存古書局

1 ：《六譯館叢書八十九種》 （民國）廖平撰，民國十年四川存古書局刊本（史語所）。

2 ：《左庵長律》一卷 （民國）劉師培撰，民國四年四川存古書局刊本（史語所）。

3 ：《左庵雜者十種》 （民國）劉師培撰，民國三年四川存古書局排印本（史語所）。

4 ：《四種合刻》 （清）楊深秀等撰，民國三年四川存古書局刊本（史語所）。

5：《受經堂集》一卷　《附經友》一卷　（清）張祥齡撰，民國七年四川成都存
　　古書局刊本（史語所）。

6：《湘綺樓鈔》一卷　《附閣後漢書隨筆》一卷　（清）王闓運撰，民國四年四
　　川存古書局印本（史語所）。

7：《華陽國志校勘記》二十卷　（民國）顧觀光撰，民國八年成都存古書局刊本
　　（史語所）。

8：《道園全集》七六卷　（元）虞集撰，民國元年存古書局補刊本（台大研）。

9：《蜀檮杌》二卷　（宋）張唐英撰，四川孝古書局刊本（史語所）。

10：《駢雅訓纂》一六卷　《附補遺》　（明）朱謀瑋撰，清魏茂林訓纂，民國四
　　年成都存古書局修補論雅齋刊本（台大文）。

11：《錦里新編》一六卷　《首》一卷　（清）張邦伸纂輯，民國二年成都存古書
　　局刊本（史語所）。

八、廣東省

海南書局

　　《瓊州府志》四十四卷　《卷首》一卷　（清）張岳崧等撰，清光緒十六年
　　　海口海南書局重刻本（台大總）、（台大研）。

廣東書局（粵東書局；廣州書局）

1：《七經小傳》三卷　（宋）劉敞撰，清同治十二年廣州粵東書局重刊本（師大）。

2：《小學彙函十四種》一五三卷　（清）鍾謙鈞等輯，清同治十二年粵東書局刊
　　本（台大文）。

3：《古經解彙函卅七種附小學彙函》　（清）鍾謙鈞等編，清同治十二年粵東書
　　局刊本（史語所）。

4：《（欽定）四庫全書附存目錄》十卷　（清）胡虔編，清同治七年粵東書局刊
　　本（台大文）、（台大研）。

5：《四庫全書總目》二〇〇卷　（清）紀昀等奉敕撰，清同治七年廣東書局重刊
　　本，國研，、（台分）、史研所。

6：《四書全書總目》二〇〇卷　《卷首》一卷　《簡目》一卷　清同治七年廣東
　　書局刊本（史語所）、（不全）。

7：《四庫全書總目》二〇〇卷　《卷首》一卷　《附總目索引全毀書目禁書總目
　　書目表違礙書目等》不分卷　《附存目錄》十卷　《簡明目錄》二十卷　清

同治七年光緒十年廣東書局重刊本（台大文）、（台大研）。

8 ：《（欽定）四庫全書簡明目錄》二十卷 （清）紀昀等奉敕編，清同治七年廣東書局重刊本（台分）、（史語所）。

9 ：《四庫全書簡明目錄》十卷 清同治七年廣東書局重刊本（台分）。

10：《春秋意林》二卷 （宋）劉敞撰，清同治十二年廣州粵東書局重刊本（師大）。

11：《春秋權衡》一七卷 《六經奧論》六卷 清同治十二年廣州粵東書局重刊本（師大）。

12：《通志堂經解一三八種》一七九二卷 （清）納德成德輯，徐乾學校，清同治十二年粵東書局據菊坡精舍本重刊本（台大文）、（台大研）、（東海）、（台分）。

13：《通志堂經解一四三種》 （清）納蘭成德輯，清同治十二年粵東書局刊本（史語所）。

14：《傅鶉觚集》五卷 《附欽定四庫全書提要》一卷 《本傳》一卷 《傅子校勘記》一卷 （晉）傅玄撰，（清）方師輯，並撰校勘記，清光緒二年廣州書局刊本（台大研）。

15：《論語集解義疏》十卷 （魏）何晏集解，（梁）皇侃義疏，清同治十三年粵東書局刊本（東海）。

廣雅書局

1 ：《二十一史四譜》五四卷 （清）沈炳震撰，清光緒廿二年廣雅書局校刊本（台分）。

2 ：《二十二史考異》一〇〇卷 （清）錢大昕撰，清光緒二十年廣雅書局刊本（史語所）、（師大）。

3 ：《二十二史劄》三六卷 （清）趙翼撰，清光緒二十年廣雅書局刊本（台分）、（師大）。

4 ：《三國志考證》八卷 （清）潘眉撰，清光緒十五年廣雅書局刊本（中圖）。

5 ：《三國志辨疑》三卷 （清）錢大昭撰，清光緒十五年廣雅書局刊本（中圖）。

6 ：《三國志辨疑》三卷 （清）錢大昭撰，清光緒十五年廣雅書局刊本（中圖）。

7 ：《三蘇文粹》一二卷 （清）王景禧選，民國十二年上海廣雅書局石印本（東海）。

8 ：《大金集體》四十卷 （金）不著撰人，清繆荃孫校，清光緒廿一年廣雅書局刊本（中圖）。

9 :《小爾雅訓纂》六卷 （清）宋翔鳳撰，清光緒十六年廣雅書局刊本（中圖）。

10：《大戴禮記解詁》一三卷 （清）王聘珍撰，清光緒十三年廣雅書局刊本（台大文）。

11：《元史紀事本末》二七卷 陳邦瞻撰，張溥論正，清光緒十三年廣雅書局刊本（故宮）、（台分）。

12：《太常因革禮》一〇〇卷 《校職》一卷 （宋）歐陽修等編，廣雅書局校刊本（師大）。

13：《中興小紀》四十卷 （宋）熊克撰，清光緒十七年廣雅書局校刊本（台大文）。

14：《少室山房四集》六四卷 （明）胡應麟撰，清廣雅書局輯，清光緒廿二年廣雅書局校刊本（台大文）。

15：《少室山房筆叢十二種》四八卷 （明）胡應麟撰，清廣雅書局輯，清光緒廿二年廣雅書局校刊本（台大研）。

16：《元史譯文證補》三十卷 （清）洪鈞撰，清光緒廿六年廣雅書局刊本（台分）、（不全）。

17：《毛詩傳箋通釋》三二卷 （清）馬瑞辰撰，清光緒十四年廣雅書局刊本（中圖）。

18：《史記毛本正誤》一卷 （唐）丁晏撰，清光緒八年湖北廣雅書局刊本（東海）。

19：《（校正）史記月表》不分卷 （清）王元啓撰，清光緒二十年湖北廣雅書局刊本（東海）。

20：《史記正譌》三卷 （清）王元啓撰，清光緒十六年湖北廣雅書局刊本（東海）。

21：《史記志疑》三六卷 （清）梁玉繩撰，清光緒十三年湖北廣雅書局刊本（東海）、（台大總）。

22：《史記索隱》三十卷 （唐）司馬貞撰，清光緒十九年廣雅書局重刊汲古閣本（中圖）、（師大）、（東海）。

23：《史漢駢枝》一卷 （清）成孺撰，清光緒十四年廣雅書局刊本（中圖）、（東海）。

24：《四書集註》一九卷 （清）光緒廿四年廣雅書局校刊本（史語所）。

25：《汗簡箋正》七卷 （宋）郭忠恕撰，清鄭珍箋正，清光緒十五年廣雅書局刊本（故宮）。

26：《西漢會要》七十卷 （宋）徐天麟撰，清廣雅書局據武英殿聚珍版重刊本

（台分）。

27：《西魏書》二四卷　（清）謝啓昆撰，清乾隆五十六年粵東廣雅書局刊本（師大）。

28：《先聖生卒年月初考》二卷　（清）孔廣牧撰，清光緒十五年廣雅書局據湖北刻本重刊本（台大總）。

29：《全三國文》七五卷　（清）嚴可均校輯，廣州廣雅書局印行（師大）。

30：《全上古三代文》一六卷　《全秦文》一卷　（清）嚴可均校輯，廣州廣雅書局印行（師大）。

31：《全上古三代秦漢三國六朝文》七四六卷　（清）嚴可均校輯，清光緒十三年至十九年廣州廣雅書局刊本（台大）、國研、（史語所）。

32：《全北齊文》十卷　（清）嚴可均校輯，廣州廣雅書局印行（師大）。

33：《全宋文六》四卷　（清）嚴可均校輯，廣州廣雅書局印行（師大）。

34：《全後周文》二四卷　（清）嚴可均校輯，廣州廣雅書局印行（師大）。

35：《全後漢文》一〇六卷　（清）嚴可均校輯，廣州廣雅書局印行（師大）。

36：《全後魏文》六十卷　（清）嚴可均校輯，廣州廣雅書局印行（師大）。

37：《全陳文》一八卷　（清）嚴可均校輯，廣州廣雅書局印行（師大）。

38：《全梁文》七四卷　（清）嚴可均校輯，廣州廣雅書局印行（師大）。

39：《全隋文》三六卷全唐文一卷　（清）嚴可均校輯，廣州廣雅書局印行（師大）。

40：《全漢文》六三卷　（清）嚴可均校輯，廣州廣雅書局印行（師大）。

41：《全齊文》二六卷　（清）嚴可均校輯，廣州廣雅書局印行（師大）。

42：《宋元紀事本末》一〇九卷　（明）馮琦撰，清光緒十三年廣雅書局刊本，國研。

43：《宋元紀事本末》一〇九卷　（明）馮琦撰，陳邦瞻增訂，張溥論正，清光緒十三年廣雅書局刊本（故宮）、（師大）。

44：《宋州郡志校勘記補五代史藝文志四史朔閏考》　（清）成孺、顧懷三、錢大昕撰，清光緒十七年十二月廣雅書局刊本（師大）。

45：《東晉疆域志》四卷　（清）洪亮吉撰，清光緒十七年廣雅書局刊本（中圖）、（師大）。

46：《武英殿珍版書一四八種》二七九九卷　（清）乾隆中輯，清光緒廿五年廣雅書局重編校刊本（史語所）、（台大文）。

47：《東漢會要》四十卷　（宋）徐天麟撰，清廣雅書局據武英殿聚珍版重刊本（台分）。

48：《兩漢書注考證三國記年表三國志辨疑共》六卷　清何若瑤、周嘉獻、錢大昭撰，清光緒二十年廣雅書局刊本（師大）。

49：《兩漢書辨疑》三三卷　（清）錢大昭撰，清光緒十三年湖北廣雅書局刊本（東海）。

50：《孟子趙注補正》六卷　（清）宋翔鳳撰，清光緒十七年廣雅書局刊本（台大文）。

51：《明史紀事本末》八十卷　（清）谷應泰撰，清光緒十三年廣雅書局刊本（史語所）。

52：《（御選）明臣奏議四十卷　（清）廣雅書局刊武英殿聚珍本（台大文）。

53：《明會要》八十卷　（清）龍文彬撰，清廣雅書局校刊本（師大）、（台分）、（史語所）、（台大總）、（台大文）。

54：《易緯略義》三卷　（清）張惠言撰，清光緒間廣雅書局刊本（台大文）。

55：《易學象數論》六卷　（清）黃宗羲撰，清光緒間廣雅書局刊本（台大文）。

56：《近思錄》　（宋）朱熹撰，清光緒十四年廣雅書局刊本（台分）。

57：《全史紀事本末》五二卷　（清）李有棠撰，清光緒十七年廣雅書局刊本（師大）。

58：《春秋左氏傳述義拾遺》八卷　《卷末》一卷　（清）陳熙晉撰，清光緒十七年廣雅書局刊本（台大文）。

59：《建炎以來繫年要錄》二○○卷　（宋）李心傳撰，清光緒廿六年廣雅書局刊本（台大）、（台分）。

60：《後漢書注又補》一卷　（清）沈銘彝撰，清光緒十四年廣雅書局刊本（中圖）。

61：《後漢書補注正》八卷　（清）周壽昌撰，清光緒十七年廣雅書局刊本（師大）。

62：《後漢書補注續》一卷　（清）候康撰，清光緒十七年廣雅書局刊本（師大）。

63：《後漢書注補續》不分卷　（清）候康撰，清光緒十七年湖北廣雅書局刊本（東海）。

64：《後漢書辨疑》一一卷　（清）錢大昭撰，清光緒十三年廣雅書局刊本（師大）。

65：《弇山堂別集》一○○卷　（明）王世貞撰，清廣雅書局刊本（史語所）。

66：《唐六典》三十卷　（唐）玄宗御撰，清光緒廿一年廣州廣雅書局刊本（台大文）。

67：《晉宋書故補宋書刑法志補宋書食貨志各》一卷　　（清）郝懿行撰，清光緒十七年廣雅書局刊本（師大）。

68：《晉書校勘記》五卷　　（清）周家祿撰，清光緒十四年廣雅書局刊本（中圖）。

69：《晉書校勘記四卷附宋州郡志校勘記》一卷　　（清）周雲撰，附錄成孺撰，清光緒十四年廣雅書局刊本（中圖）。

70：《通鑑長編紀事本末》一五〇卷　　（宋）楊仲良撰，清光緒十九年廣雅書局刊本（史語所）。

71：《國朝柔遠記》一八　《卷附》二卷　　（清）王之春編，清光緒十七年廣雅書局刊本（台大文）。

72：《補晉書藝文志》四卷　　（清）丁國鈞撰，清光緒間廣雅書局刊本（中圖）。

73：《補遼金元藝文志》一卷　　（清）倪燦撰，清光緒十七年廣雅書局刊本（中圖）。

74：《補續漢書藝文志》一卷　　（清）錢大昭撰，清光緒十四年廣雅書局刊本（中圖）、（台大文）。

75：《黑龍江外記》八卷　　（清）西清撰，清光緒廿六年廣雅書局刊本（台大總）。

76：《無邪堂答問》五卷　　（清）朱一新撰，清光緒廿一年廣雅書局刊本（東海）、（師大）、（史語所）。

77：《詩藪內編》六卷　《外編》四卷　《雜編》六卷　　（明）胡應麟撰，清廣雅書局刊本（史語所）。

78：《楚漢諸候疆域志》三卷　　（清）劉文淇撰，清光緒十五年廣雅書局刊本（中圖）。

79：《楚辭天問箋》一卷　　（唐）丁晏撰，清湖北廣雅書局刊本（東海）。

80：《漢書西域傳補注》二卷　　（清）徐松撰，清光緒廿年湖北廣雅書局刊本（東海）。

81：《（補續）漢書藝文志》一卷　　（清）錢大昭撰，清光緒十三年廣雅書局刊本（師大）。

82：《廣（東海）圖說》一卷　　（清）張之洞奉敕撰，清光緒十五年廣雅書局刊本（台大總）。

83：《爾雅匡名》二十卷　　（清）嚴元照撰，清光緒十六年廣雅書局刊本（台大文）。

84：《爾雅補註殘本禮記天算釋》　　（清）劉玉麐、孔廣收合撰，清光緒十四年廣雅書局刊本（師大）。

85：《諸史考異》一八卷　（清）洪頤煊撰，清光緒十五年廣雅書局刊本（中圖）。

86：《墨綠彙》四卷　（清）安岐撰，民國九年上海廣雅書局刊本（東海）。

87：《歷代史表》五九卷　《卷首》一　（清）萬斯同撰，清光緒十五年廣雅書局刊本（台大文）。

88：《歷代地理沿革表》四七卷　（清）陳芳績撰，清光緒廿一年廣雅書局刊本（中圖）、（師大）、（國研）、（台分）。

89：《遼史拾遺》二四卷　（清）厲鶚撰，清光緒廿六年廣雅書局刊本（師大）。

90：《學詁齋文集》二卷　（清）薛壽撰，清光緒十五年廣雅書局刊本（史語所）。

91：《禮書綱目》八五卷　（清）江永撰，清光緒廿一年廣雅書局刊本（中圖）。

92：《職官表》七二卷　（清）紀昀等纂，清光緒廿二年廣雅書局校刊本（台分）。

93：《續唐書》七十卷　（清）陳鱣撰，清光緒廿一年廣雅書局刊本（師大）、（台大文）。

94：《續漢書辨疑》九卷　（清）錢大昭撰，清光緒十四年廣雅書局刊本（中圖）。

95：《廣雅書局叢書》　廣雅書局輯，清光緒間刊民國九年番禺徐紹棨彙編重刊本（史語所）。

九、廣西省

桂林官書局

《廣西諮議局第二屆會議提議建議決議案彙編》二卷　清宣統二年桂林官書局鉛印本（故宮）。

桂垣書局

《廣西通志》二七九卷　《卷首》一卷　（清）謝啓昆等修，胡虔等纂，清光緒十七年桂垣書局補刊本（故宮）、（國研）。

十、雲南省

雲南書局

1 ：《幼學故事瓊林》四卷　《首》一卷　《上層》四卷　《首》一卷　（清）程允升編，鄒聖脈增補，清光緒卅一年雲南官書局刊本（史語所）。

2 ：《制服成誦篇》不分卷　《附制服表喪服通釋》　（清）周保桂撰，清光緒十六年雲南官書局重刊本（史語所）。

3：《洗冤錄評議》四卷　《首》一卷　（清）許槤校，清光緒六年雲南官書局重刊本（史語所）。

十一、直隸省

天津官書局

《通商約章類纂》三五卷　《首》一卷　（清）徐宗亮等輯　清光緒十二年天津官書局集刊本（台大文）、（史語所）。

京師官書局

1：《戶部銀庫奏案輯要》不分卷　（清）奎濂等輯，清光緒間京師官書局鉛印本（故宮）。

2：《征西紀略》四卷　（清）曾毓瑜撰，清光緒二十年京師官書局鉛印本（史語所）。

3：《立體形學四篇》　（英國）威里孫撰，（清）陳汕譯，清光緒三十二年京師學部官書局鉛刊本（故宮）。

直隸書局

《朔方備乘》六八卷　《卷首》一二卷　《凡例》、《目錄》一卷　（清）何秋濤撰，清光緒七年直隸書局刊本（史語所）。

十二、山東省

山東書局

1：《（山東刻）十三經十五種》一二九卷　（清）丁寶楨等校，清同治十一年山東書局刊本（台大研）。

2：《（重纂）三遷志》十卷　《卷首》一卷　（清）陳錦纂，清光緒十三年山東書局刊本（史語所）。

3：《止止堂集》五卷　（明）戚繼光撰，清光緒十四年山東書局重刊四庫館明本（東海）、（史語所）。

4：《四書十一經附校勘記》　（清）丁葆楨校，民國十四年據清同治十年年山東書局板山東重刊本（史語所）。

5：《汪龍莊先生遺書八種》　清光緒八年山東書局刊本（東海）。

6 ：《倭文端公遺書十一種》 （清）倭仁撰，清光緒二十年山東書局重刊本（史
語所）。

7 ：《通德遺書所見錄十八種》七一卷 《敘錄》一卷 （漢）鄭玄撰，（清）孔
廣林輯，清光緒十六年山東書局刊本（台大文）。

8 ：《敬亭集》十卷 《補遺》一卷 《附錄》一卷 （明）姜埰撰，清光緒十五
年山東書局刊本（中圖）。

9 ：《農政全書》六十卷 （明）徐光啓編，清同治十三年山東書局刊本（台大研）、
（史語所）。

10：《續山東考古錄》三二卷 《首》一卷 （清）葉綏撰，清道光廿八年山東書
局刊本、（史語所）。

皇華書局

《玉函山房輯佚書存五百九十四種》 （清）馬國翰輯，清同治十年濟南皇
華書局補刊本（台大文）。

十三、河南省

河南書局

1 ：《三怡堂叢書十六種》 （清）張鳳台輯，清光緒至民國間河南官書局刊本（史
語所）。

2 ：《如夢錄》不分卷 （明）不著撰人，清常茂徠增刪，清咸豐二年河南書局重
刊本（師大）。

3 ：《汴京遺蹟志》二四卷 （明）李濂撰，民國十一年河南官書局刊張氏三怡堂
叢書本，國研。

十四、山西省

山西書局

1 ：《西漢書姓名韻》不分卷 （清）傅山編，民國廿五年山西書局仿宋字排印本
（師大）、（史語所）。

2 ：《東漢書姓名韻》不分卷 （清）傅山編，民國廿五年山西書局仿宋字排印本
（史語所）。

十五、甘肅省

蘭州官印書局

《勞薪錄》四卷 （清）黃雲撰，清光緒二十九年蘭州官印書局排印本（史語所）。

十六、吉林省

吉林官書局

《吉林農安戊己政治報告書》十卷 （清）壽鵬飛撰，清宣統二年吉林書局鉛印本（史語所）。

十七、新疆省

新疆官書局

《新疆省山脈總圖十五葉》 不著撰人，新疆官書局鉛印本（中圖）。

書影一：江楚書局，皇朝直省府廳州歌括，清光緒二十三年刊本

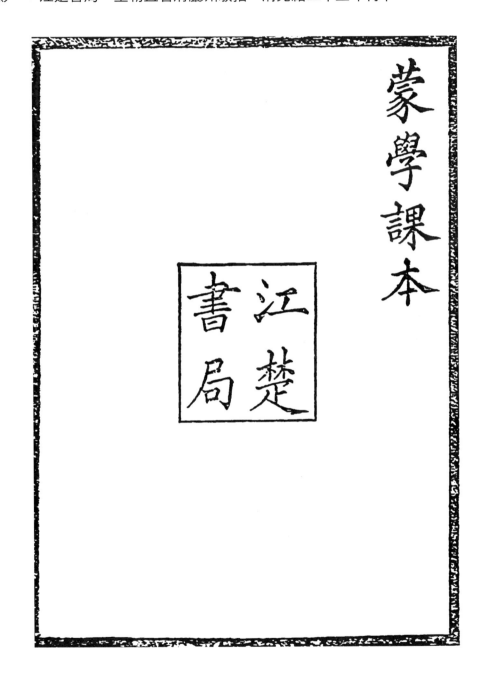

蒙學課本

江楚書局

書影二：江楚書局，《經濟學粹》，清光緒三十二年刊本

原序

本書述經濟論大綱亦教科中一大部類書中所論次序多不按尋常體例以
經濟學之目的非尋常解說可比至個人之動作一國之行為為生產及使用
所主要詳言之卽本書所論道德政治之兩端今世所行經濟書篇幅狹小搜
羅庶雜重以釋義支雜殊弗適觀於經濟學範圍之旨僅述一二緊要關鍵概
惡弟詳余篇爲憾之本書言哲學道德學古傳歷史地理等科學務於其密接關
係者剖析辨之不必備述數端也卽以地理指形勝之沿革昧往古之興
亡。於經濟學似無補助不知考究寰宇之治安自由之進步從草昧時代以迄
富源發達之今日咸當於地理歷史中求之固與經濟學明明有不可須臾離
之原理也知此兩博採旁加引證用以表明書中所論之意惟讀者含咀
其意味不以為篇幅繁重已矣

書中所論社會之信用商業之恐慌人口之繁簡於初學經濟論似稍涉精細
然今日受教育之青年子弟待其卒業後皆不能免於研究此等問題是則為
子弟者顧不可豫為研究乎

經濟學大綱

原序

一

江楚編譯局印

書影三：江楚書局，《經濟教科書》，清光緒間鉛印本

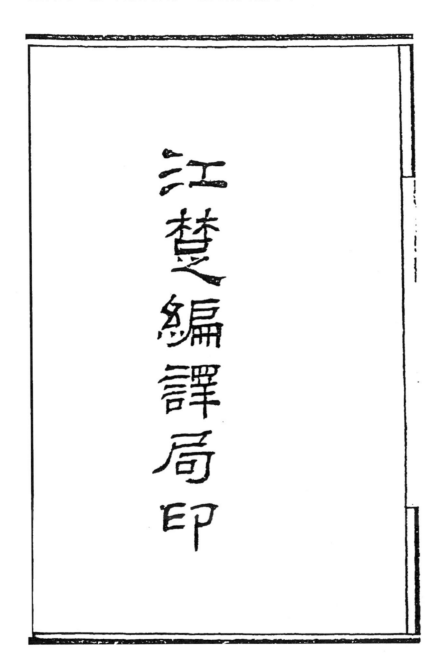

書影四：江蘇書局，《續資治通鑑》，清同治六年補刊鎮洋畢氏本

嘉興馮氏補刊鎮洋畢氏原板同治
丁卯春永康應氏所收于蘇松太道
署補刊六十五板己巳夏送歸江蘇
書局秋九月又換刊九板修三十板

同治丙寅春李蕭毅伯開書局金陵刊六經註成且及
史漢問繼者何亟友芝以通鑑對續宋元則取鎮洋畢
氏卽承命求胡果泉仿元本備覆刊聞畢書板在嘉興
馮氏者軍興取供炊薪僅損未百出其鄰遽倍薪材易
去亂定又不能綴完戴禮庭秀才為議售且就而禮庭
亡蕭毅提師赴河濟敏齋觀察亟為購致刊補亡失
以行江浙四部鉅編板刻燹燬幾盡惟此碩果搖搖將
不自存遂得拔出塵蠹為士林嘉會觀察之為政可思
矣按宋元編年書明王氏宗沐薛氏應旂旣無足觀陳
氏經胡氏粹中各完一代者差勝亦未善且大書分註

書影五:江蘇書局,《江蘇省例》,清同治八年刊本

江蘇省例

凡例

一　凡院司各衙門遍飭新定章程以及裁除陋規等件均關吏治民生現從同治二年克復省城起分年編輯名曰江蘇省例俾各屬遵守奉行免致歧誤

一　省例之編以錢糧款項及升遷調補等事為藩政其事關命盜案監獄驛傳等件為臬政按年分編目錄以便檢查

一　是書編次按飭行月日先後為序

一　省例一書原為外辦事件遵引而設如已奏咨有

江蘇省例　　凡例　　二

書影六：江蘇書局，《直齋書錄解題》，清光緒九年刊本

江蘇書局刊版

光緒九年八月

蘇州振新書社經印

直齋書錄解題目錄

卷一

易類

書影七：成都書局，《（增補）藝苑彈蕉》，清光緒二十六年刊本

書影八：成都書局，《經詞衍釋》，清同治十二年校刊本

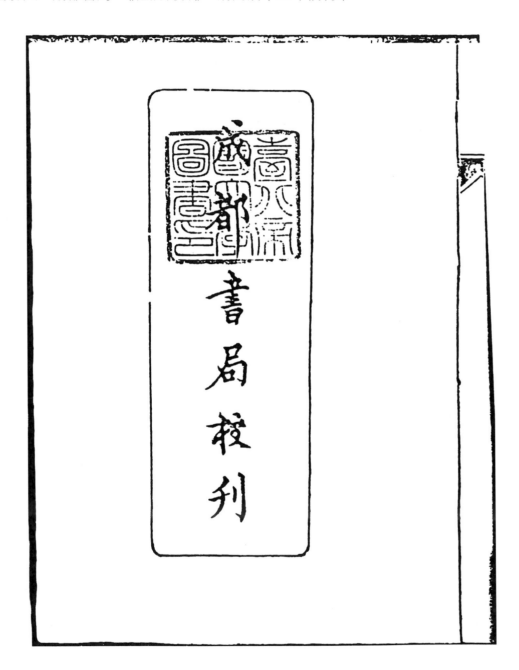

序

近之譚經者多佝漢學而或拘泥之過往往穿鑿附會

不近人情惟高郵王文簡公經義述聞一編解釋經語

務求心之所安而經傳釋詞十卷純從虛字體會所以

通古今之鄞洶深於漢學而不囿於漢學者歟曩余視

學江右卽知南豐吳生昌瑩篤於經術今春科試肇慶

適生來粵客其鄉人劉伯士明府幕中出所著經傳釋

詞廣義以質於余披讀至再知其於文簡之書致力特

深觸類引伸愈推愈廣允堪輔原書以行世好古者倘

續刻入學海堂經解中裨益於讀經者當不淺也爰綴

書影九：山東書局，《續山東考古錄》，清光緒八年重刊本

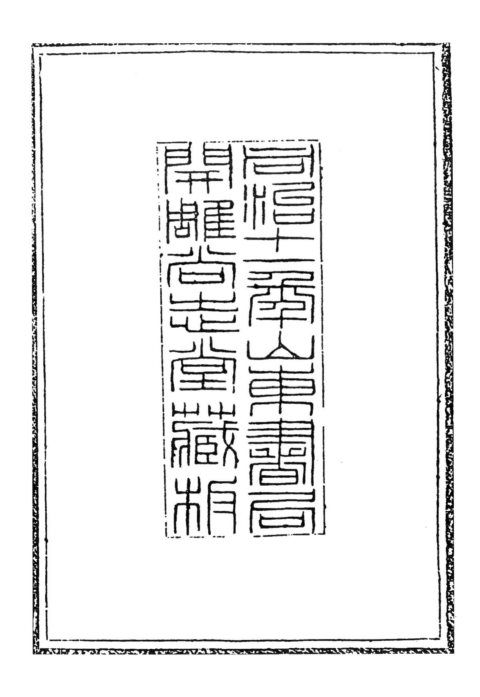

書影十：山東書局，《十三經》，清同治十一年刊本

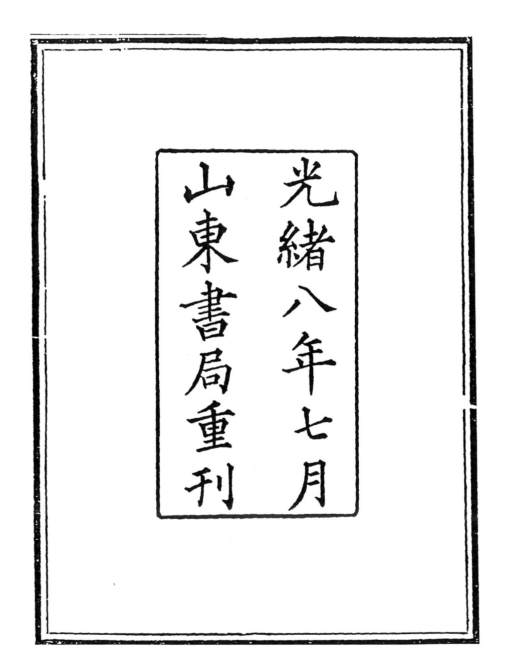

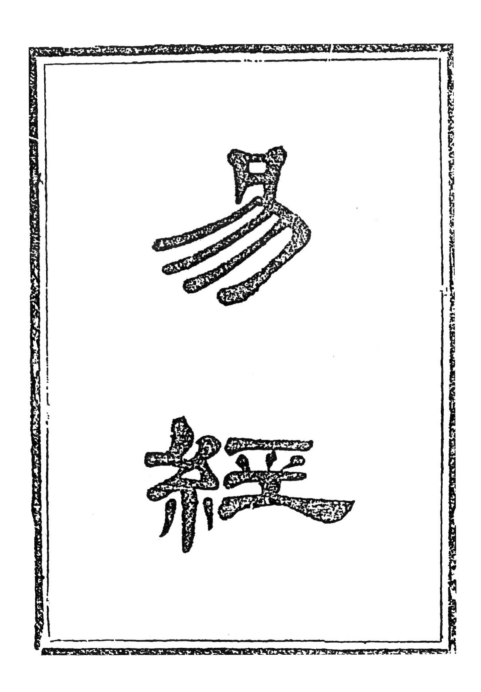

書影十一：山東書局，《農政全書》，清同治十三年重刊本

原序

班史藝文志列農書為諸家之一後世因之隋唐所收僅十有九家宋中興書演至六十四家鄭漁仲博精載籍其所裒乃僅得十二部四十七卷內最著者如漢議郎氾勝之書三卷後魏賈思勰齊民要術十卷又有李淳風續賈書若干卷李書當時已湮沒而賈氏所傳在宋遂為祕本非勸農使者不得受賜民閒傳寫紕陋特甚本耳而賈元道農經王旼要術及何亮本書流行最廣下迨禾譜耕織圖併花木竹藥

書影十二：上海書局，《（欽定）大清會典》，清光緒二十五年石印本

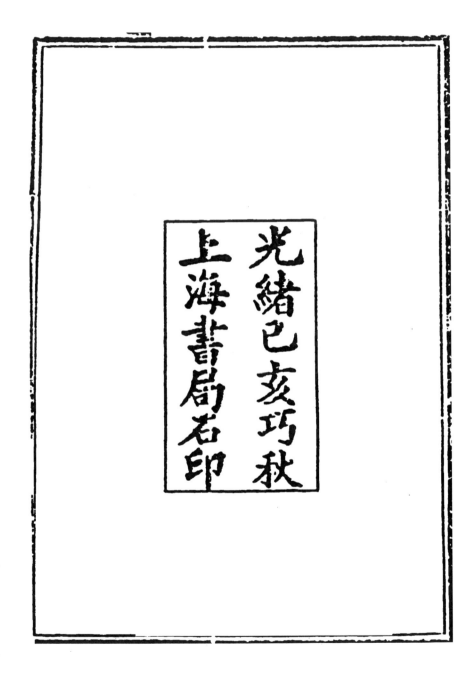

光緒己亥巧秋
上海書局石印

書影十三：上海書局，《皇朝蓄艾文編》，清光緒二十九年鉛印本

序

今世變亟興。朝野上下。幡然以改良為宗旨。迺者 詔書數下。建學堂。設譯局。廣

發乎進化之機至銳也普告海內外勸學廿四篇曰宗經曰循序曰守約曰中學曰

日益智曰遊學曰設學曰學制曰廣譯曰閱報曰倡西學也第今之學者界線不一西

政與西藝殺焉普通與專門先後殊弱冠與壯年課級殊弱冠宜者宜變心思與事務

博求橫涉造器也中年以往釣通曉哲學之人鍊習外交。儲備師範鎮譯循可以

入官川世連成材也顧連成之學以講求時政為要敷川當務為要通甫外善化

置氏武進盛氏文輯於經濟掌故交涉政要最稱明備若近出蕆陳本體格達新

亦任學微文之助唯坊果以江都于氏彙稿周左介叙術其宗旨尊在救時刪核

雷同搜羅宏富海經世學一大觀也釋其命名之義沈痛慨切其才智心思固不在

林子平論生秀實下暨任譯發課吏職者各置一編而採擇之抑歜只考謮得失哪

公餘諸皇略報數語許是輯為三年之受子將為 國家徵醫人焉

光緒壬寅六月南皮張之洞書於武昌節署

皇朝蔚文文編　　序　　　　　　　　　　　上海官書局印

書影十四：江西書局，《通鑑紀事本末》，清同治十二年刊本

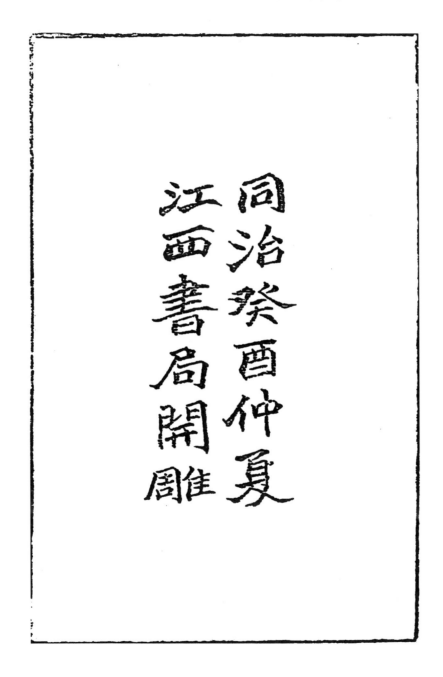

通鑑紀事本末序
國之有史史之有通鑑通鑑之
有紀事本末三者不可一缺也
國史因人通鑑因年本末因事
人非紀傳不顯年非通鑑不序
事非本末不明學者欲觀歷代

通鑑紀事本末

書影十五：江西書局，《十三經注疏校勘記識語》，清光緒三年刊本

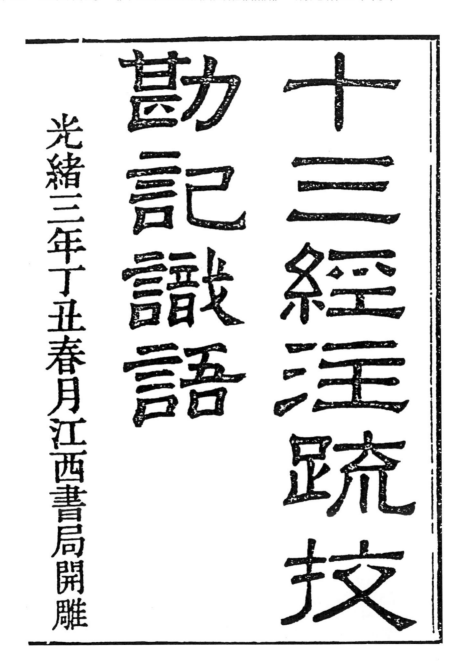

書影十六：揚州書局，《廣陵通典》，清同治八年重刊本

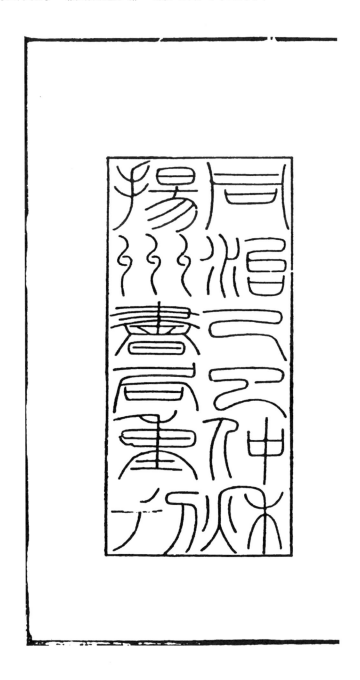

廣陵通典序

郡邑志乘濫觴晉宋賀循會稽劉損京口陸任所合

內多斯例後此繼之盈乎著錄其為書也能使生是

邦者曉前古事跡至其地者驗方今物土洵為善矣

降及明葉末流滋弊事既歸官成由借手府縣等諸

具文撰修類皆不學雖云但糜饔餐錢虛陪禮帊猶復

俗語丹青後生疑誤正失復貫必也其人此江都汪

容甫先生廣陵通典所以有作也蓋其天才踔越雅

識淵深目洞千秋貿羅七略出摛朱育之對撟舌名

公入著虞卿之書關心鄉邑羨於撢經之餘悉取城

書影十七：淮南書局，《孫吳兵法》，清同治十年重刊本

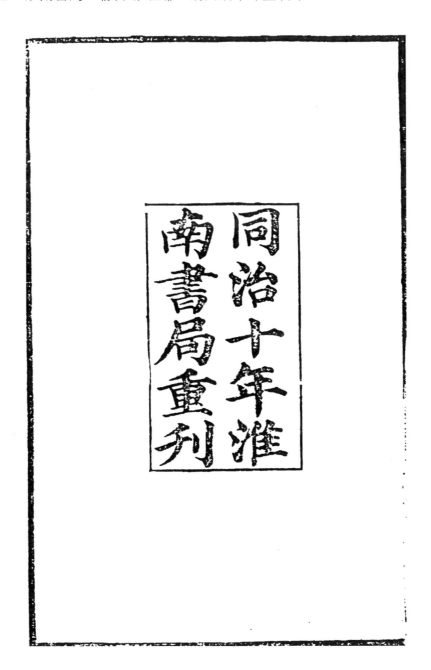

孫子三卷魏武帝注吳起二卷司馬穰三卷皆宋雕本嘉慶

五年三月屬顧茂才廣圻影寫刊版行世為之序內孫司

馬之書見漢藝文志者孫子篇卷不止此然史記已稱十三

篇則此為完書篇多者反由漢人輯錄吳起書存六篇或是

凶佚司馬法在藝文志禮家證之史記言齊威王追論古者

司馬兵亡而附穰苴於其中固彌之曰司馬穰苴兵法古本

或為一書然經史傳注所引司馬法多今本所無疑在百五

十五篇中王海則以為今存五篇太平御覽則引古司馬兵

法文與今本多同又載穰苴兵法不在此書左思亦有疇昔

覽穰苴之語通典亦引司馬穰苴豈今佚者為穰苴書耶通

引司馬穰苴曰五人為伍十五人為隊一車八二百五十隊餘奇為握奇故一軍
以三十七百五十人為奇兵隊七十有五以為中軍干也下又貫尺得四里以中

書影十八：京師官書局，《戶部銀庫奏案輯要》，清光緒間鉛印本

戶部銀庫奏案輯要

校勘銜名

銀庫掌關防北檔房頒辦則例館提調捐納房幫辦寶　員外郎奎濂

泉局監督署廣西司掌印花翎四品銜頒辦四川司候補

銀庫經理司員北檔房正主稿四品銜署貴州司上行　員外郎張瑞芳

走貴州司正主稿四品銜署貴州司

銀庫經理司員南檔房幫辦廣東司幫掌印花翎山西司員外郎奎隆

銀庫經理司員　京察一等現審處掌關防花翎雲南司郎中謙順

辦張家口監督記名道府南檔房幫辦北檔房總辦

銀庫經理司員記名道府南檔房掌印花翎三品銜湖廣司郎中文綏

銀庫經理司員浙江司正主稿湖廣司員外郎聶興圻

銀庫經理司員寶泉局監督山東司正主稿四品銜河南司員外郎李毓芬

銀庫經理司員北檔房總辦俸餉處掌關防花翎陝西司員外郎恩保

川司掌印花翎三品銜貴州司候補員外郎慶琛

署銀庫經理司員北檔房總辦福建司掌印花翎江西司郎中宗室孚恒

戶部銀庫奏案輯要　校勘銜名

書影十九：京師官書局，《立體形學四篇》，清光緒三十二年鉛印本

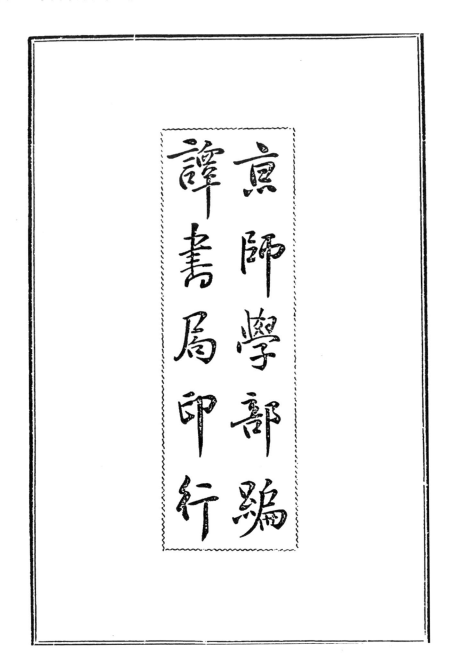

立體形學課本

英國威里孫原著
閩縣陳壽彭譯
瑞安胡孟銘
吳孟龍全校

目次

京師官書局印

立體形學課本 目次

立體形學課本終

三十　凡等面等角四面體．求其內容外容兩球之半徑．

二十九　設過壬點作一割線甲壬乙．使遇球面於甲於乙．求證壬甲偕壬乙矩內長方形必為定數．

二十八　三線彼此互相正交且相遇於一點若此三線割一球則三弦上三正方形之和必為定數且其和之大小恒以球徑與公點距球心之度二者之長短為斷．

並求證三線之六分線上六正方形之和亦為定數．

二十七　求兩平分球面之弧或球面之角．

二十六　求作一球割他兩球使彼此成直角．

問尚有他兩稜體若互相內切否．

十面體亦可內切於十二面者．

光緒三十二年三月印行

版權所有

定價　每部四角

編譯者　閩縣陳浤

佼閱者　瑞安吳孟龍

印刷所　京師官書局

發行所　商務印書館

總發行所京師學部官書局

書影二十：桂林官書局，《廣西諮議局第二屆議決案》，清宣統二年鉛印本

廣西諮議局第二屆會議提議建議決議案目錄

璯提學司詳覆具學務說帖簡交諮議局提議文

附提學司原詳並說帖

諮議局呈議決學務案七件呈請察核公布文計呈議決案

諮議局呈議決學務案七件簡覆查照文計抄說帖一件

諮議局呈覆議學務案呈請公布文

據諮議局呈覆議學務案簡覆查照文

據勸業道詳開具實業各案說帖簡交諮議局提議文

附勸業道原詳並說帖清摺四扣

諮議局呈議決實業各案呈請察核公布文計呈議決案

據諮議局呈議決實業各案簡覆查照文

諮議局呈覆議實業各案呈請公布文

諮議局第二屆議決案

一